Juan E. Perez Ipiña

Mecánica de Fractura
1 Edición

LIBRERÍA Y EDITORIAL ALSINA
Paraná 137
Tel./Fax: 54-11-4373-2942 / 54-11-4371-9309
Buenos Aires - Argentina

Perez Ipiña, Juan E.
    Mecánica de fractura. - 1a ed. - Buenos Aires : Librería y Editorial Alsina, 2004.
    165 p., 14x20 cm.

    ISBN 950-5553-124-9

    1. Ingeniería civil 2. Fractura Lineal Elástica 3. Velocidad de Carga-Efecto I Título
    CDD 624

Fecha de catalogación: 06/09/04

IMPRESO EN ARGENTINA

ISBN 950-553-124-9

ÍNDICE

INTRODUCCIÓN Y RESEÑA HISTÓRICA   1

1 MECÁNICA DE FRACTURA LINEAL ELÁSTICA   11
Balance energético de Griffith. Modos de apertura de las superficies de una fisura. El factor de intensidad de tensiones. Limitaciones del criterio KIC. Determinación experimental de la tenacidad a la fractura. Ensayo KIC. Apéndice: Métodos de cálculo del factor de intensidad de tensiones.

2 EFECTO DE LA VELOCIDAD DE CARGA   37
Introducción. Efecto de la velocidad de deformación en el comportamiento a la fractura de los materiales. Ensayos de fractura dinámica cualitativos. Ensayos de tenacidad a la fractura dinámicos. Ensayos de arresto de fisuras.

3 CRECIMIENTO DE FISURAS POR FATIGA   49
Introducción. Etapa I: iniciación de la fisuración. Etapa II: propagación de la fisura. Predicción de la vida útil de un componente. Efectos de sobrecargas y espectros de carga. Cierre de fisura (crack closure). Interpretación del retardo que sigue a una sobrecarga. Fisuras "cortas".

4 FRACTURA POR INFLUENCIA DEL MEDIO   61
Introducción. Ensayos de tiempo a la fractura (TTF). Ensayos de velocidad de crecimiento de fisuras. Morfología de las fisuras.

5 MECÁNICA DE FRACTURA ELASTOPLÁSTICA: CRITERIO CTOD   69
Introducción. El criterio CTOD. Definición física del CTOD. El uso del CTOD. Determinación experimental del CTOD. Limitaciones del modelo plastic hinge. Consideración de crecimiento estable de fisura. El CTOD de Schwalbe, d .

6 MODELO ELASTOPLÁSTICO - CRITERIO J   83
Introducción. Campos de Hutchinson, Rice y Rosengreen. La integral J de Rice. Relación de J con K y CTOD. Determinación experimental de JIC. Curvas de resistencia J-R. Validez de J. J modificado, JM. Inestabilidad por desgarre, módulo IC T. Descripción de las metodologías de ensayo de J y curvas J-R. Métodos de medición de crecimiento estable de fisura. ASTM E813:89 Standard test method for IC J , a measure of fracture toughness. ASTM E 1152-87. Standard test method for determining J-R curves. Apéndice: Integral J: Definición matemática y significado físico.

7 TRANSICIÓN DÚCTIL FRÁGIL   117
Introducción. Teoría estadística. Métodos normalizados. El local approach. Advertencia final. Apéndice: La función distribución de Weibull.

8 EVALUACIÓN DE INTEGRIDAD DE ESTRUCTURAS FISURADAS 131

Introducción. Etapa de proyecto. Filosofías de diseño a la falla. Selección de materiales. Evaluación de defectos existentes. Niveles de aceptación durante la construcción o la operación. Métodos de evaluación de defectos. Curva de diseño de CTOD. Failure assessment diagram (FAD). Metodología para el análisis estructural. Método EPRI. Engineering treatment model (ETM).

9 CRECIMIENTO DE FISURAS POR CREEP 153

Introducción. Caracterización de los campos de tensiones bajo creep secundario. Correlación de C* con el crecimiento de fisura. Comportamiento en tiempos cortos versus tiempos largos. El parámetro Ct. Creep primario. Método experimental para medición de velocidades de crecimiento de fisuras por creep en metales. Norma ASTM E 1457. Mecanismos de crecimiento de fisuras por creep. Crecimiento de fisuras por creep-fatiga.

Introducción y reseña histórica

1 INTRODUCCIÓN

La mecánica de fractura es una rama relativamente nueva de la ciencia de los materiales que busca cuantificar las combinaciones críticas de tensión y tamaño de fisura que produzcan la extensión de la misma. La Figura 1[1] es una útil representación de los tres parámetros mencionados y de su interdependencia. Como más adelante se verá, la resistencia a la extensión de grieta puede ser usada en el contexto de tales diferentes tipos de fisuración como fractura frágil, fractura por fatiga, corrosión bajo tensión, crecimiento estable de fisura, etc.

Varias circunstancias pueden ser citadas para justificar la aplicación de la mecánica de fractura a estructuras ingenieriles. La que históricamente determinó que se realizaran importantísimos esfuerzos en el desarrollo de la técnica fue la ocurrencia de fallas catastróficas de gran importancia económica y con pérdida de vidas en algunos casos. Estos desastres se produjeron en diferentes campos, tales como barcos (Figura 2), estructuras fuera de costa (Figura 3), tanques de almacenamiento de líquidos, recipientes de presión, cañerías (Figura 4), puentes (Figura 5y Figura 6), aviones, piezas de generación de energía, etc.

Otra circunstancia, quizá la más importante en la actualidad, es que todas las estructuras ingenieriles contienen fisuras, o defectos tipo fisura a alguna escala de examinación. Esto es cada vez más obvio a medida que se emplean técnicas de ensayo no destructivo (END) con mayor capacidad de resolución. Ocurre muchas veces que, en una parada de un equipo, un nuevo END revela defectos de fabricación que pasaron inadvertidos para el método de END usado al entrar el equipo en servicio. Debido a que, en general, las estructuras se han comportado satisfactoriamente, con frecuencia se produce la discusión de si el defecto deberá ser reparado o no. La situación se complica cuando se sabe, o se sospecha, que pudo ocurrir un crecimiento lento del defecto por fatiga o por acción del medio ambiente. Todas estas situaciones son especialmente comunes en estructuras soldadas.

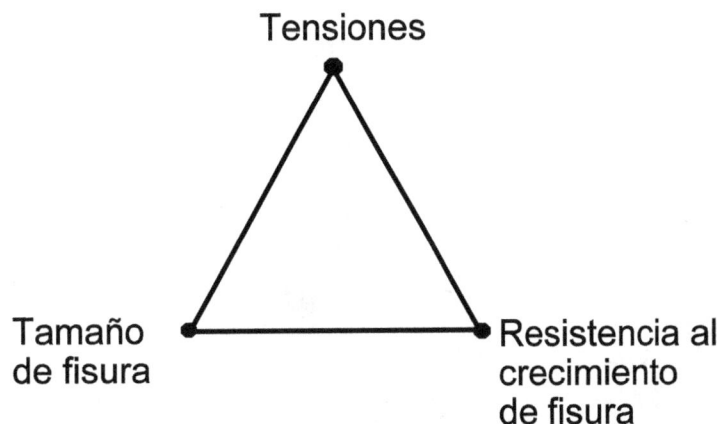

Figura 1. Parámetros básicos y su interdependencia.

De lo anterior surge claramente la importancia de la interacción de los vértices del triángulo de la para lograr el correcto funcionamiento en servicio de una estructura asegurando que nunca se llegue a una combinación crítica de tensión, tamaño de defecto y resistencia al crecimiento de fisura. La mecánica de fractura provee una base racional para la relación entre estos tres parámetros.

Figura 2. Barco "Flare" partido en dos por fractura frágil. Saint Pierre et Michelon. Enero, 1998.

Figura 3. Estructura fuera de costa. Brasil, 2001.

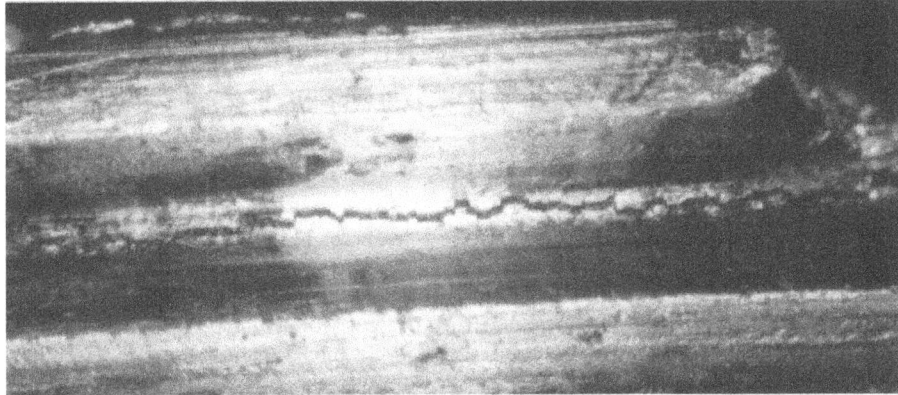

Figura 4. Fisura en la raíz de un filete de rosca en una tubería.

Figura 5. Puente Quebec sobre el río San Lorenzo, después de más de 20 años de planeamiento y construcción. Diciembre, 1917.

Figura 6. Segundo colapso del puente Quebec durante su construcción. Agosto, 1916.

2 SÍNTESIS HISTÓRICA DE LA MECÁNICA DE FRACTURA

Los primeros tiempos

La fractura es una de las posibles causas, aunque no la única ni la más común, de pérdida de integridad de estructuras. Su ocurrencia suele ser catastrófica, de allí la importancia que ha adquirido la mecánica de fractura como herramienta para evitarla.

Las primeras aplicaciones ingenieriles tenían poco bagaje teórico y estaban fundamentalmente basados en la experiencia acumulada, principalmente por prueba y error:

> Se cuenta que los romanos empleaban una especie de selección de los mejores haciendo que, una vez finalizados, los responsables del diseño y la construcción de puentes se colocaran debajo de los mismos hasta concluida la prueba de integridad que consistía en el paso de las tropas y sus pertrechos sobre el mismo. Si la prueba era satisfactoria, el responsable estaba en condiciones de continuar diseñando y construyendo puentes. Si no era así, no había posibilidad de un nuevo error [2].

Las primeras experiencias científicas sobre la resistencia de materiales corresponden a las realizadas por Leonardo da Vinci (1452-1519) sobre alambres metálicos (Figura 7). Él llegó a conclusiones erróneas por cuanto, por no considerar las heterogeneidades del material (tanto geométricas como metalúrgicas), encontró una dependencia, además de la sección y del material, de la longitud del mismo. Posteriormente Galileo (1564-1642) estableció que la resistencia dependía solamente del área y no de la longitud de la muestra.

Aquí no se separaban los distintos tipos de falla; es más, hasta la revolución industrial las estructuras se construían preferentemente con materiales cerámicos que no son aptos para soportar esfuerzos de tracción. De allí las geometrías de arcos características de esas épocas, que generan esfuerzos exclusivamente de compresión (por ejemplo puentes de arco, edificios góticos, pirámides incas, mayas, de Egipto). Estos esfuerzos no producen fallas por fractura fácilmente.

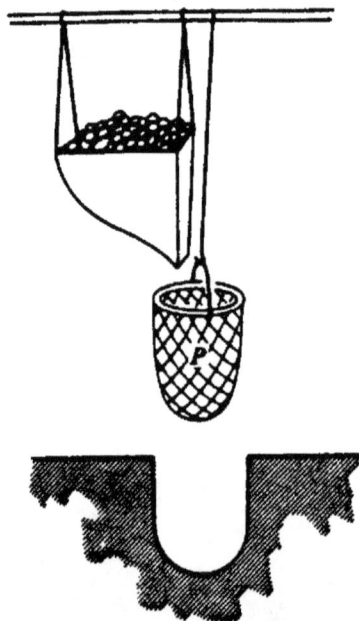

Figura 7. Aparato para el ensayo de alambres
metálicos de Leonardo da Vinci.

Tiempos modernos

Con la revolución industrial se incrementó enormemente la producción de acero. Con materiales capaces de soportar esfuerzos de tracción y de sufrir deformación plástica se eliminaron serias restricciones al proyecto de estructuras. El primer ejemplo de puente metálico fue, en 1894, el *Tower Bridge* de Londres (Figura 8), de un diseño completamente diferente del tradicional.

Se desarrollaron máquinas para producir bienes (telares, etc.) y también para transporte (ferrocarriles), por lo que se popularizó el uso de materiales sometidos a esfuerzos dinámicos y repetidos y en condiciones diferentes de las normales (alta temperatura, ambientes agresivos). Aparecieron otros tipos de falla como fatiga, *creep* y corrosión.

Es necesario conocer los esfuerzos que hay dentro de una estructura y la capacidad de un material para soportarlos sin que se produzca ningún tipo de falla. A lo primero responde el desarrollo de la teoría matemática de la elasticidad. En la primera edición de su tratado de Elasticidad, Love [3] escribió que "las condiciones para la rotura son vagamente conocidas". Los ingenieros trataban de compensar esto con generosos coeficientes de seguridad.

En esa época la metalurgia era más un arte que una ciencia, por lo que los intentos por conseguir materiales más resistentes a las fallas no tenían una única dirección y eran, a veces, contradictorios.

A todo ello hay que sumarle, tal como señalaba Love, una necesidad de conocer las causas de la rotura de los materiales. Ello no estaba solamente relacionado con el deseo de evitar fallas, sino también debido a los métodos de fabricación de los productos siderúrgicos: el acero debía ser provisto en forma de chapas, perfiles, rieles, alambres, etc. Es decir, debía ser llevado a esas formas por deformación plástica mediante procesos de laminado, estirado, forjado, etc., para lo que se requería conocer bajo qué condiciones se producía la deformación plástica. Fundamentalmente a partir de experiencias de laboratorio, varios investigadores (Mohr, Saint Venant, Von Mises, Rankine, Hencky, etc.) elaboraron teorías de rotura que delimitaban, para las distintas combinaciones de esfuerzos posibles, campos de ocurrencia de falla de campos seguros (o zonas con y sin deformación plástica).

Podemos decir que a principios de nuestro siglo estaban bastante bien establecidas las condiciones para evitar las fallas de estructuras: La teoría de la elasticidad (o su versión simplifi-

Figura 8. *Tower Bridge* en Londres

cada de uso ingenieril rutinario, la resistencia de materiales) permitía conocer las tensiones actuantes en un cuerpo; una prueba de laboratorio brindaba las resistencias a la fluencia y rotura del material a emplear, y con la teoría de rotura se podía verificar que esas tensiones no produjeran deformación plástica o rotura en ese material.

Y todo marchaba sobre ruedas, pero...

Ocasionalmente una estructura de acero fallaba de manera inesperada, con tensiones muy por debajo de las consideradas críticas. Por ejemplo, en 1919 se produjo en Boston la fractura de un tanque con alrededor de 500 000 litros de melaza: 12 muertos, 40 heridos, daños a la propiedad, caballos ahogados en la dulce sustancia. La causa fue considerada un misterio. Los proyectistas aplicaban mayores coeficientes de seguridad para evitar estas "fallas aleatorias" y no se hacían mayores cuestionamientos. Otro caso trascendente fue el hundimiento del Titanic, del que ahora se sabe que se fue a pique por la propagación de fisuras a través de varios de sus compartimentos estancos.

Aparentemente ajeno a todo esto, A. A. Griffith [4] en el *Royal Aircraft Establishment* de Gran Bretaña propuso una teoría basada en principios termodinámicos clásicos que daba una respuesta para comprender la fractura de los materiales. Aquí Griffith ya consideraba que la fractura obedecía leyes naturales diferentes que otros tipos de falla como la deformación plástica. Empleó, para calcular la energía disponible para la fractura, un análisis de tensiones de Inglis [5] sobre una fisura en un medio infinito. Él verificó su teoría trabajando no sobre aceros, sino sobre vidrio. Aquí se asociaron por primera vez los tres elementos que intervienen en una fractura: tensiones de tracción, fisuras y resistencia del material al avance de la misma.

No hubo, aparentemente, mayor movimiento en este campo hasta la segunda guerra mundial. En realidad hubo bastante trabajo para caracterizar a los materiales de manera de utilizar aquellos que presentaran "buenas" características de fractura, así como en el desarrollo de aceros de mejores propiedades. Para estas determinaciones se empleaban probetas que contenían entallas y condiciones que favorecían la fractura, tales como bajas temperaturas y altas velocidades de deformación.

Hay que solucionar el problema

A principios de la segunda guerra mundial Estados Unidos enviaba navíos y aviones para Gran Bretaña y la Unión Soviética en gran cantidad. La mayor necesidad de los aliados en aquella época era la disponibilidad de barcos de carga para transporte de suministros. La marina alemana hundía estos navíos a una velocidad tres veces superior a la que podían ser repuestos a través de los procedimientos existentes de construcción naval. Se desarrolló entonces un método revolucionario de fabricación empleando tecnología de soldadura en lugar del tradicional roblonado. Eran los llamados *Liberty Ships*.

El programa de fabricación fue un gran éxito: se fabricaron aproximadamente 2700 navíos durante la guerra. Pero en 1943 uno de estos barcos se partió en dos navegando entre Alaska y Siberia. A éste le sucedieron otras 400 fracturas. 20 se hundieron, de los cuales 10 se habían partido por la mitad (Figura 9).

El Almirante Fractura pasó a ser más peligroso que los submarinos alemanes. Se comenzó a extender el convencimiento de que la fractura estaba íntimamente relacionada a la existencia de fisuras y su propagación. Ante la carencia de una teoría que permitiera comprender o interpretar racionalmente cuándo ocurría la fractura se tomaron, con bastante éxito, medidas correctivas *ad hoc* que permitieron operar los barcos *Liberty* confiablemente.

El *U. S. Naval Research Laboratory* (NRL) se abocó a investigar estos problemas, debiéndose destacar dos enfoques diferentes: el de la División Mecánica liderada por George R. Irwin, y el de la División Metalurgia a cargo de William S. Pellini.

Aquí hacemos un comentario acerca de las ciencias que intervienen en los problemas de fractura: la ciencia de materiales (o su rama metalurgia cuando se trata de metales y aleaciones), y la mecánica a través de la teoría matemática de elasticidad, elastoplasticidad, resistencia de materiales o cálculo de estructuras. Claramente hay dos fuentes bien diferenciadas, y ambas deben participar.

Las dos divisiones del NRL dieron, como era de esperar, respuestas diferentes: en el primer caso se buscaron las leyes que gobernaban la fractura, mientras que en el segundo se profundizaron los aspectos relacionados con los factores metalúrgicos que afectaban la resistencia a la fractura de los materiales, y se buscaban "recetas" simples para obviar la fractura. Pellini también recurrió, para caracterizar la resistencia a la fractura de los aceros empleados, a un viejo ensayo desarrollado en 1901 por Charpy [6].

En 1948 Irwin [7] tomó la teoría de Griffith y modificó su término de energía disipada para adaptarlo a los metales. Independientemente en el M. I. T., Orowan [8] propuso algo similar. Ninguno de los dos modificó las bases conceptuales establecidas en 1920 por Alan A. Griffith.

Comenzaron a sucederse algunas aplicaciones exitosas, pero había una gran resistencia por parte de la comunidad científica. Para ejemplificar citemos a Paul Paris [9], quien describe que durante el año académico 1953-1954 el Prof. W. P. Roop (*Ship Structure Committee*) disertó en un congreso de teoría de plasticidad en la *Brown University* sobre los problemas y progresos con las fracturas de los barcos, señalando que había detalles que no eran conocidos, etc. Aunque estaban presentes todos los investigadores líderes, no se planteó ni una sola discusión o comentario.

También se sucedieron fracturas catastróficas en este período: el 10 de enero de 1954 un avión Comet 1 (avión de pasajeros con cabina presurizada y propulsión a turbinas de gas) de BOAC explotó en pleno vuelo poco después de haber despegado de Roma rumbo a Londres. Se dieron muchas explicaciones, incluyendo la del sabotaje. El 8 de abril del mismo año se produjo un nuevo accidente, como consecuencia del cual se retiraron de servicio todos los Comets en operación. Del análisis de los desastres se concluyó que habían sido debidos a una fractura generada en una ventanilla secundaria [10] (ver Figura 9). Alan Wells [11] refirió estas catástrofes a los criterios dados por Griffith, Irwin y Orowan.

En 1955, trabajando para la empresa Boeing, Paul Paris y colaboradores encontraron que de dos aleaciones de aluminio empleadas en aviones y con similares propiedades de deformación plástica (la tomada como característica de resistencia del material), una poseía una resistencia a

Figura 9. Barco Liberty fracturado.

la fractura (tenacidad) mucho mayor que la otra. La de menor tenacidad había sido empleada en el Comet 1.

Entre 1954 y 1956 fracturaron ejes de turbinas de vapor de gran tamaño y hubo fisuras que se propagaron en gasoductos por más de una milla de longitud.[12]

En 1956 Irwin [13] desarrolló el concepto del factor de intensidad de tensiones, que está directamente relacionado con el criterio de Griffith, pero que adopta una forma mucho más usual para resolver problemas ingenieriles. Aquí también recurrió a un viejo *paper* publicado por Westergaard [14] en 1939.

Por infidencia de la esposa de G. Irwin se conoce que en esta época Irwin tomó la concienzuda decisión de que "el mensaje" debía ser difundido, a su vez que dio nombre a esta nueva rama: mecánica de fractura [9].

En el *U. S. Naval Symposium on Structural Mechanics* de 1958 hubo una mayor aceptación por parte de la comunidad de los conceptos que allí presentó G. Irwin.

En 1960 Paul Paris amplió la aplicación de la mecánica de fractura al crecimiento de fisuras por fatiga. A pesar de tener argumentos tanto teóricos como experimentales convincentes de lo que hoy es conocida como "ley de Paris", no logró que ninguna publicación periódica de reconocimiento internacional aceptara su *paper*. Debió contentarse con publicarlo internamente en la Universidad de Washington.

Por esa época ASTM constituyó un comité especial para tratar la fractura de los misiles Polaris. Lo formaron los pioneros de mecánica de fractura y tomaron la decisión de que el mismo fuera una vía para aglutinarlos y también para difundir esta nueva disciplina. Después de hora se reunían muchas veces en la casa de G. Irwin, donde se abocaban principalmente a esto último. Fue el comienzo de lo que posteriormente sería el *Committee* E24 de ASTM, que fue el principal medio por el cual se esparció la mecánica de fractura a todo el mundo y logró el reconocimiento del que actualmente goza.

En 1960 se dictó el primer curso de mecánica de fractura en la *Lehigh University*. Sus primeros alumnos formaron parte fundamental de la "segunda ola" en el desarrollo de esta disciplina.

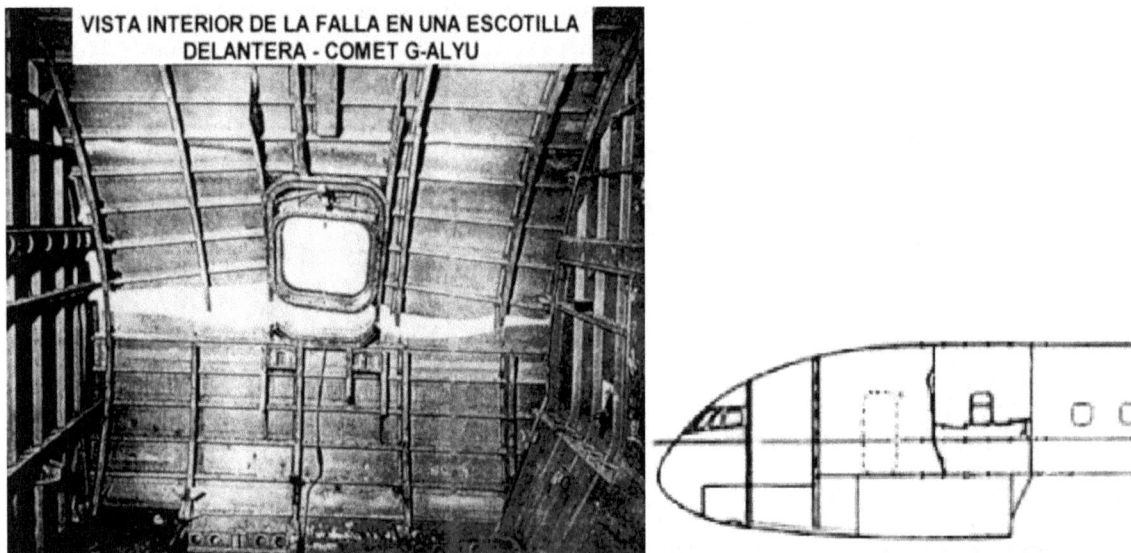

Figura 10. Reconstrucción de uno de los deHavilland Comet accidentados.

REFERENCIAS

1.   Dawes M. G. Capítulo 1 de *Developments in Fracture Mechanics.* 1st ed. G.G. Chell. Appld Science Ltd. - Londres (1979).

2.   Anderson T. L., *Fracture Mechanics. Fundamentals and Applications.* 2nd Ed.. CRC Press (1994).

3.   Love A. E. H., *A Treatise of The Mathematical Theory of Elasticity.* Cambridge University Press (1892).

4.   Griffith A. A., "The Fenomena of Rupture and Flow in Solids". *Philosophical Transactions of the Royal Society,* **221**:163-198 (1920).

5.   Inglis C. E., "Stresses in Plate Due to the Presence of Cracks and Sharp Corners". *Transactions-Institute of Naval Arquitects,* London, **60**:219-233 (1913).

6.   Pellini W. S., "Principles of Fracture Safe Design-Part II". *Welding Research Supplement,* 147s-162s (1971).

7.   Irwin G. R., "Fracture Dynamics". *Fracturing of Metals,* American Society of Metals, pp52 (1948).

8.   Orowan E., "Fracture and Strength of Solids". *Report of Progress in Physics.* **12**:185 (1949).

9.   Paris P. C., "Reflections on Progress in Fracture Mechanics Research". *ASTM STP 1207*:5-17 (1994).

10.   N. N., "La Historia del COMET". *Historia de la Aviación Internacional.* Planeta Agostini Ed. **44/45**:546-577.

11.   Wells A. A., "The Condition of Fast Fracture in Aluminum Alloys with Particular Reference to Comet Failures". *Welding Research* **7**(2):34r (1953).

12.   Irwin G. R., Wells A. A., "A Continuum-Mechanics View of Crack Propagation". *Metallurgical Reviews* **10**(38):223-269 (1965).

13.   Irwin G. R., "Analysis of Stresses and Strains Near the End of a Crack Traversing a Plate". *Journal of Applied Mechanics* **24**:361364 (1957).

14.   Westergaard H. M., "Bearing Pressures and Cracks". *Trans. ASME* **61**:A49-A53 (1939).

Capítulo 1

Mecánica de fractura lineal elástica

1.1 BALANCE ENERGÉTICO DE GRIFFITH

A comienzos de la década del 20, A. A. Griffith[1.01] propuso un balance energético para el estudio del fenómeno de la fractura de cuerpos elásticos que poseían fisuras. Su premisa básica fue que la propagación inestable de una fisura se produce si, al crecer la misma, se libera más energía almacenada de la que es absorbida por la creación de nuevas superficies de grieta. Esta interpretación es válida si se restringe su aplicación a materiales que se comportan de una manera estrictamente elástica antes de la propagación de la fisura, y donde toda la energía absorbida está asociada con la consumida en la creación de nuevas superficies. La energía disponible para ser liberada proviene de la almacenada como energía elástica de deformación.

Entonces, de acuerdo con la premisa básica de Griffith, el crecimiento de grieta será inestable si:

$$dU_e > dU_s \tag{1.1}$$

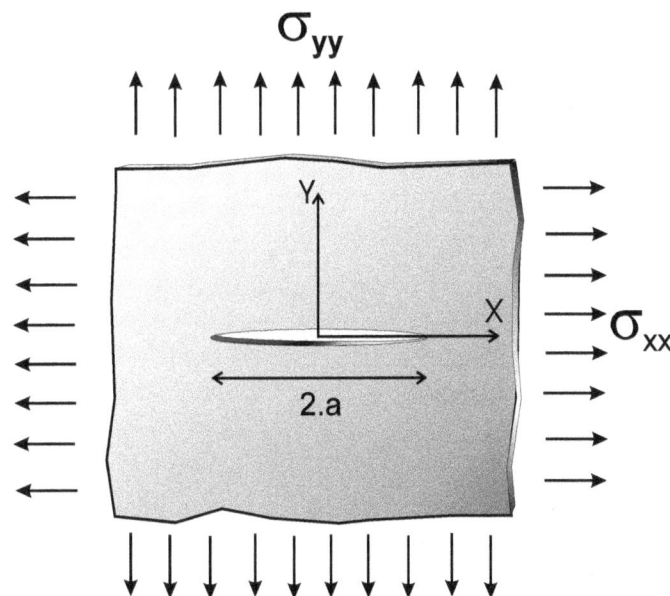

Figura 1.1. Fisura de Griffith

Como caso específico Griffith trató con una grieta de longitud **2a** contenida en una chapa plana de dimensiones infinitas y sujeta a tensiones uniformes de tracción paralelas y perpendiculares a la fisura, actuando remotas a la misma (Figura 1.1).

Se demuestra que, bajo las restricciones consideradas, la tensión $\sigma_{xx}(\infty)$ no tiene influencia en la inestabilidad de la grieta. Además la energía elástica es:[1.02]

$$U_e = \frac{K+1}{8\mu}\,\pi\,a^2\,t\,\sigma_{yy}^2(\infty) \tag{1.2}$$

donde:

      t: espesor de chapa,
      K= 3- 4ν para deformación plana,
      ν: relación de Poisson,
      μ: módulo de corte.

La energía superficial es:

$$U_s = 2t\,2a\,\gamma \tag{1.3}$$

con:

      γ: energía superficial específica o tensión superficial.

Si se produce un incremento de longitud de fisura **2da**, el cambio de energía elástica será:

$$dU_e = \frac{K+1}{4\mu}\pi\,a\,t\,\sigma_{yy}^2(\infty)\,da \tag{1.4}$$

y el incremento de energía superficial reemplazando en (1.1):

$$\frac{K+1}{4\mu}\pi\,a\,t\,\sigma_{yy}^2(\infty)\,da > 4t\,\gamma\,da \tag{1.5}$$

ó

$$\sigma^* \geq 4\sqrt{\frac{\mu\gamma}{\pi a(K+1)}} \tag{1.6}$$

donde σ^* es el valor de $\sigma_{yy}(\infty)$ requerido para causar la inestabilidad. Puesto de otra manera, y haciendo uso de las relaciones entre constantes del material:

$$\sigma^* \sqrt{a} \geq \sqrt{\frac{2E\gamma}{\pi(1-v^2)}} \tag{1.7}$$

con **E**: módulo de Young.

La inecuación (1.7) fue deducida para condiciones de estado plano de deformación. Para el caso de un estado de tensiones planas, la inestabilidad se producirá cuando se cumpla siguiente inecuación:

$$\sigma^* \sqrt{a} \geq \sqrt{\frac{2E\gamma}{\pi}} \tag{1.8}$$

NOTA: Se entiende por estado plano de deformaciones a un estado biaxial de deformaciones, $\epsilon_{zz}=0$, que da como consecuencia un estado triaxial de tensiones:

$$\sigma_{zz} = v(\sigma_{xx} + \sigma_{yy}) \tag{1.9}$$

Estado plano de tensiones ocurre cuando una de las tensiones es nula ($\sigma_{zz}=0$), dando un estado triaxial de deformaciones:

$$\varepsilon_{zz} = -v(\varepsilon_{xx} + \varepsilon_{yy}) \tag{1.10}$$

El primer caso, ecuación (1.9), se da en un cuerpos bidimensionales de espesor suficiente sometidos a cargas actuantes en el plano del mismo.

El segundo caso, ecuación (1.10), se produce en cuerpos planos de espesores reducidos que permiten la deformación en la dirección perpendicular a las predominantes en el cuerpo.

Griffith realizó una serie de ensayos sobre vidrio, del que conocía el valor de la tensión superficial. Encontró que la fractura ocurría siempre a un valor constante del producto,

$$\sigma^* \sqrt{a} \tag{1.11}$$

para diferentes valores de longitud de fisura. Tensiones paralelas a las caras de la grieta no tenían influencia en el valor de σ^*. Pero la relación teórica,

$$\sigma^* = \sqrt{\frac{2E\gamma}{\pi a}} \tag{1.12}$$

no fue satisfecha.

De todas maneras, desde un punto de vista práctico, la demostración de que existía una relación funcional entre tensiones de falla y longitud de fisura fue un importantísimo paso adelante. Más aún, esta posibilidad de predecir el comportamiento de la fractura de cuerpos fisurados sobre la base del comportamiento experimental es, en realidad, el objetivo principal de la mecánica de fractura.

Estrictamente hablando, el trabajo de Griffith es aplicable solamente a materiales que no presenten ningún efecto no lineal antes de la fractura. Esta restricción deja fuera de consideración la mayor parte de las situaciones ingenieriles. De todas maneras, casi treinta años después de la contribución de Griffith, Irwin [1.03] y Orowan [1.04] sugirieron una modificación a la formulación original, de manera tal que pudiera tenerse en cuenta la deformación plástica que siempre se produce en la vecindad de la punta de la fisura en materiales ingenieriles, por más frágiles que ellos sean. Su contribución fue reemplazar el término de energía superficial, 2γ, por una denotada como γ_p y que representa la energía de deformación plástica absorbida en el proceso de fractura. De esta forma la inecuación (1.7) se transforma en:

$$\sigma^* \sqrt{a} \geq \sqrt{\frac{E\gamma_p}{\pi(1-v^2)}} \tag{1.13}$$

(deformación plana), y la inecuación (1.8) se transforma en:

$$\sigma^* \sqrt{a} \geq \sqrt{\frac{E\gamma_p}{\pi}} \tag{1.14}$$

(tensión plana).

Orowan notó que este término de energía plástica era aproximadamente tres órdenes de magnitud mayor que la energía superficial. Tanto Irwin como Orowan opinaron que, siempre y cuando la distorsión plástica ocupara una zona pequeña en comparación con la longitud de fisura y el espesor del componente, la energía liberada por la extensión de una grieta podría aún ser calculada con suficiente precisión a partir de un análisis elástico. Entonces, en esencia, la teoría modificada involucra solamente una redefinición del término de energía absorbida.

Irwin sostuvo que no era necesaria una interpretación precisa del término de energía plástica: se podía elaborar una teoría que correlacionara el comportamiento experimental de los materiales a la fractura, con la restricción de que la zona deformada plásticamente fuera relativamente pequeña. La variación de energía elástica por unidad de espesor fue denominada **G** en reconocimiento a Griffith:

$$G = \frac{1}{t}\frac{dU_e}{da} = 2\gamma_p \tag{1.15}$$

Su valor al momento de la fractura es el denominado crítico, **G$_c$**, y es considerado una propiedad de los materiales, siendo función de la temperatura y del estado termomecánico.

Irwin [1.05] propuso una interpretación alternativa del parámetro **G** cuando sugirió que esta cantidad podría ser considerada como una fuerza generalizada (*driving force*), y que definió como la pérdida de energía irreversible por unidad de área de nueva superficie creada. Esta fuerza tendría un valor crítico, **G$_c$** que sería el necesario para hacer propagar la fisura.

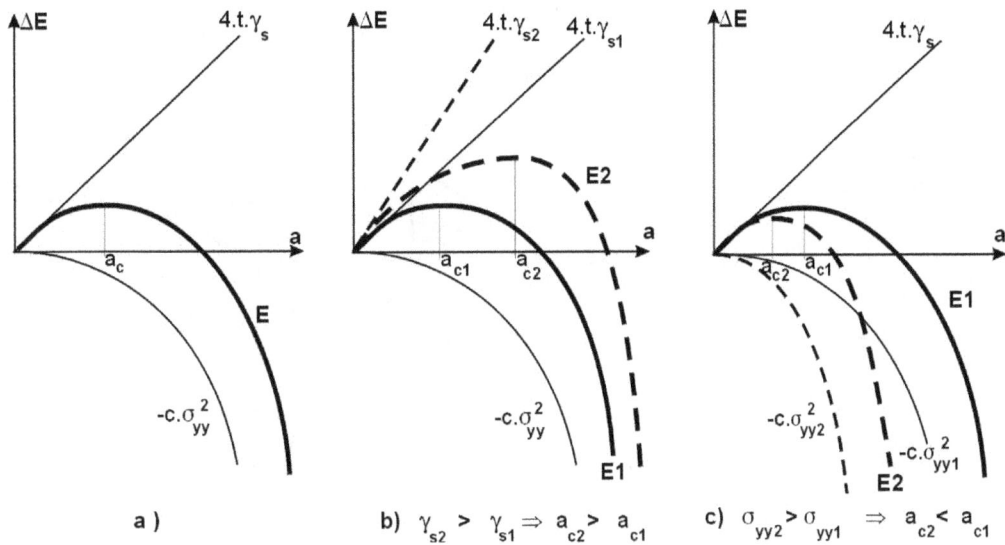

Figura 1.2. Energías involucradas en el avance de la fisura.

1.1.1 Análisis gráfico de las energías involucradas

Si se representan las componentes de energía en función de la longitud de fisura, se puede hacer un interesante análisis cualitativo de los términos involucrados y cómo sus variaciones influyen en el tamaño crítico de fisura.

Considerando positiva la energía consumida, ecuación (1.3), ella puede ser representada por medio de una recta de pendiente **4tγ_s**. La energía disponible, ecuación (1.2), corresponderá a una parábola cuadrática de coeficiente negativo proporcional al cuadrado de la tensión remota. La energía resultante será entonces una curva que parte del origen con pendiente igual a la de la recta de energía consumida, pasa por un máximo para una longitud **a_c**, y luego se hace negativa (Figura 1.2a). Para valores de **a** superiores a **a_c**, habrá disminución de la energía resultante para incrementos de la longitud de la fisura, lo que implicará que el proceso se dé espontáneamente. En cambio, para longitudes de fisuras menores a **a_c**, un crecimiento de fisura implica un aumento de energía, lo que no es posible sin un aporte externo. Por lo tanto el valor crítico de longitud de fisura, **a_c**, corresponde al máximo de la curva.

Se analiza ahora el efecto que tienen los factores intervinientes en los términos energéticos. Por ejemplo, para un material con mayor resistencia al crecimiento de fisura, es decir con un γ_s mayor, la pendiente de la recta de energía consumida aumenta, y el máximo de la curva resultante se corre hacia la derecha, dando una longitud crítica de fisura mayor, Figura 1.2b.

En cambio si incrementamos la tensión remota a la fisura, la parábola decrece más rápidamente dando un máximo de la curva resultante para un **a_c** menor, Figura 1.2c.

1.2 MODOS DE APERTURA DE LAS SUPERFICIES DE UNA FISURA

Cualquier movimiento relativo de las superficies de una fisura puede obtenerse como una combinación de tres movimientos básicos o modos de apertura, denominados MODO I, MODO II

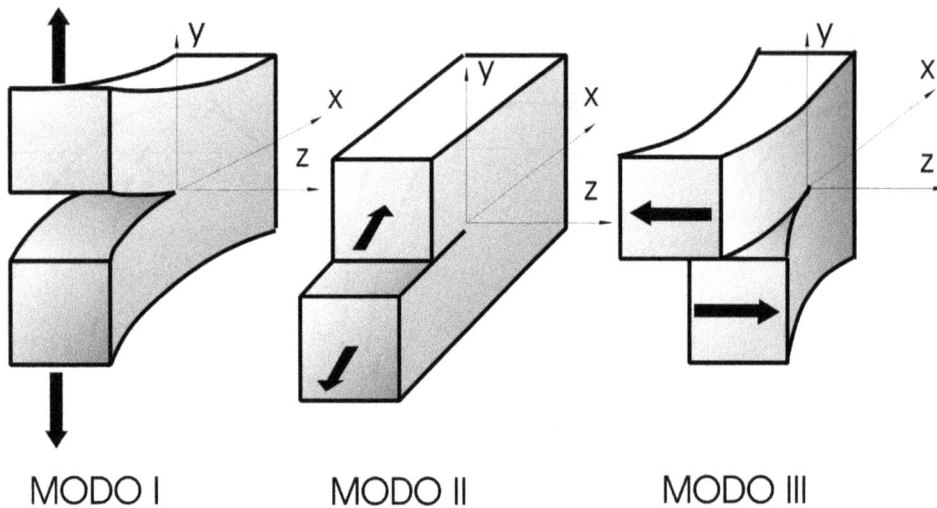

Figura 1.3. Modos de apertura de una fisura.

y MODO III, tal como se muestra en la Figura 1.3. En la práctica ingenieril el MODO I es, por lejos, el más importante. Por lo tanto, siempre que no esté indicado lo contrario, nos estaremos refiriendo al MODO I.

1.3 EL FACTOR DE INTENSIDAD DE TENSIONES

Utilizando un análisis plano de tensiones realizado por Westergaard [1.06], Irwin [1.05] encontró que en la vecindad de la punta de una fisura las tensiones podrían ser expresadas de la siguiente manera (Figura 1.4):

$$\sigma_{xx} = \frac{K \cos\frac{\theta}{2}}{\sqrt{2\pi r}} \ (1 - \sin\frac{\theta}{2} \ \sin\frac{3\theta}{2}) + ...$$

$$\sigma_{yy} = \frac{K \cos\frac{\theta}{2}}{\sqrt{2\pi r}} \ (1 + \sin\frac{\theta}{2} \ \sin\frac{3\theta}{2}) + ... \qquad (1.16)$$

$$\tau_{xy} = \frac{K \cos\frac{\theta}{2}}{\sqrt{2\pi r}} \ (\sin\frac{\theta}{2} \ \cos\frac{3\theta}{2}) + ...$$

donde r, θ son coordenadas polares de un punto cualquiera respecto de la punta de fisura.

Las ecuaciones (1.16) transcriptas son el primer término de un desarrollo en serie realizado bajo hipótesis de comportamiento lineal elástico del material. En el origen de coordenadas ($r \rightarrow 0$), o sea la punta de la fisura, las tensiones se hacen infinitas. Esta singularidad puede llevar a dificultades conceptuales, pero hay que tener en cuenta que se producirá deformación plástica en

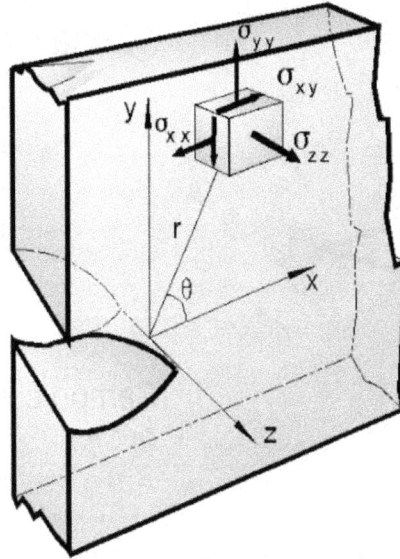

Figura 1.4. Fisura de Irwin.

la región de tensiones muy altas y que, debajo de cierta escala, la mecánica del continuo es inadecuada para describir los fenómenos que ocurren.

Entonces, en la vecindad de la punta de la fisura la atmósfera de tensiones está controlada por un único parámetro, **K**, denominado FACTOR DE INTENSIDAD DE TENSIONES que solamente es función de las cargas y geometría, siempre y cuando la zona donde se desarrolló deformación plástica tenga dimensiones muy pequeñas frente a las de validez de **K** (Figura 1.5). Es decir, deben prevalecer las condiciones de linealidad, considerándose a la deformación plástica sólo como una perturbación. Además, a medida que nos alejamos de la punta de la fisura, **K** deja de controlar el estado de tensiones ya que solamente es el primer término de un desarrollo en serie a partir de la punta de la fisura.

Irwin [1.07], usando el método de los trabajos virtuales, pudo deducir relaciones entre **G** y **K**:

MODO I:

$$G_I = \frac{K_I^2}{E'}$$
(1.17)

MODO II:

$$G_{II} = \frac{K_{II}^2}{E'}$$
(1.18)

MODO III:

$$G_{III} = \frac{1+\nu}{E'} K_{III}^2$$
(1.19)

con: $\mathbf{E' = E}$ en tensión plana
            $\mathbf{E' = E / (1-\upsilon^2)}$ en deformación plana.

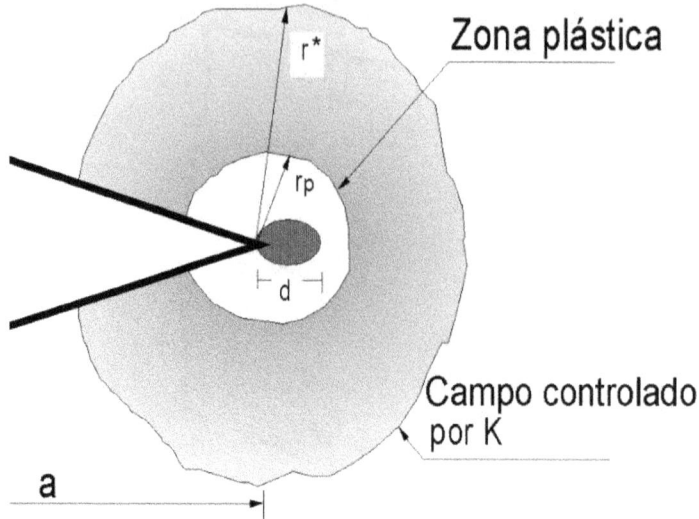

Figura 1.6. Zonas de control de K, plástica y de proceso.

De la misma manera que con **G**, cuando $\mathbf{K_I}$ alcanza un valor crítico característico del material, denominado $\mathbf{K_{IC}}$, se produce el crecimiento de la fisura. Además, cualquiera sea la geometría, en la vecindad de la punta de la fisura el estado de tensiones está gobernada por $\mathbf{K_I}$, el que puede calcularse para las diferentes geometrías. La Figura 1.6 muestra algunos ejemplos de formas comunes en mecánica de fractura. Estas soluciones son en general bastante complejas y han sido recopiladas en forma de manuales para diferentes geometrías y condiciones de carga.[1.08]

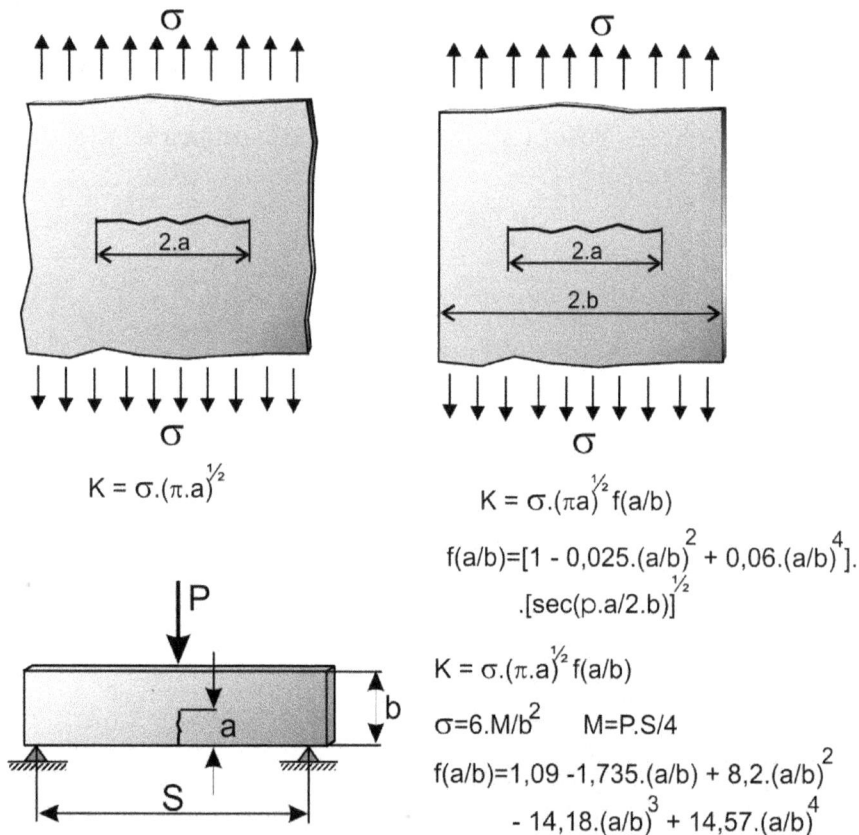

$$K = \sigma.(\pi.a)^{1/2}$$

$$K = \sigma.(\pi a)^{1/2} f(a/b)$$

$$f(a/b) = [1 - 0,025.(a/b)^2 + 0,06.(a/b)^4].$$
$$.[\sec(p.a/2.b)]^{1/2}$$

$$K = \sigma.(\pi.a)^{1/2} f(a/b)$$

$$\sigma = 6.M/b^2 \qquad M = P.S/4$$

$$f(a/b) = 1,09 - 1,735.(a/b) + 8,2.(a/b)^2$$
$$- 14,18.(a/b)^3 + 14,57.(a/b)^4$$

Figura 1.5. Expresiones de $\mathbf{K_I}$ para distintas geometrías.

1.4 RESUMIENDO:

a) Bajo las hipótesis consideradas, comportamiento lineal elástico y plasticidad reducida, existe un parámetro que gobierna el estado de tensiones en la punta de la fisura, el factor de intensidad de tensiones: $\mathbf{K_I}$.

b) Cualesquiera que sean las condiciones de geometría, carga y longitud de fisura, este valor puede ser calculado.

c) Cuando este parámetro alcanza un valor crítico, denominado tenacidad a la fractura: $\mathbf{K_{IC}}$, la grieta se inestabiliza y comienza a crecer.

d) Este valor crítico $\mathbf{K_{IC}}$, característico de cada material, estado termomecánico, velocidad de carga y temperatura, puede ser determinado experimentalmente mediante ensayos normalizados.[1.09, 1.10]

e) Por lo tanto, para prevenir la fractura frágil se debe cumplir que:

$$K_I \text{ (geometria, fuerzas, a)} < K_{IC} \text{ (material, tratamiento térmico, temperatura)} \qquad (1.20)$$

Así es factible determinar qué tamaño de defecto es tolerable en una estructura ante condiciones dadas, o comparar materiales con respecto a cuál de ellos podrá soportar mayores tamaños de fisuras.

La Figura 1.7 [1.11] es un cuadro esquemático de la mecánica de fractura lineal elástica donde se esquematizan tanto la etapa de obtención del factor de intensidad de tensiones, como la determinación de la tenacidad a la fractura, el criterio de fractura y los usos del mismo.

Analizando la figura, se observa un esquema bien cerrado que parece dar una respuesta completa al problema de la fractura. Sin embargo es muy común, especialmente en materiales metálicos de uso estructural, que haya una importante cantidad de deformación plástica en la punta de la fisura, que imposibilita la aplicación de la mecánica de fractura lineal elástica. Para materiales muy tenaces, la deformación plástica es pequeña en relación a las dimensiones características de la estructura sólo en circunstancias particulares, como por ejemplo, recipientes de presión en centrales nucleares.

1.5 LIMITACIONES DEL CRITERIO K_{IC}

Como el criterio $\mathbf{K_{IC}}$ fue deducido usando la teoría de la elasticidad lineal, la mecánica de fractura lineal elástica no puede ser aplicable a materiales fisurados cuyo comportamiento es marcadamente no lineal, tales como aceros dúctiles que desarrollan una importante deformación plástica en la punta de la grieta, o como fundiciones grises laminares que presentan un comportamiento no lineal intrínseco, o incluso polímeros o compuestos.

Por lo tanto, y con la finalidad de poder aplicarlo correctamente, debemos establecer las limitaciones que tiene el criterio $\mathbf{K_{IC}}$.

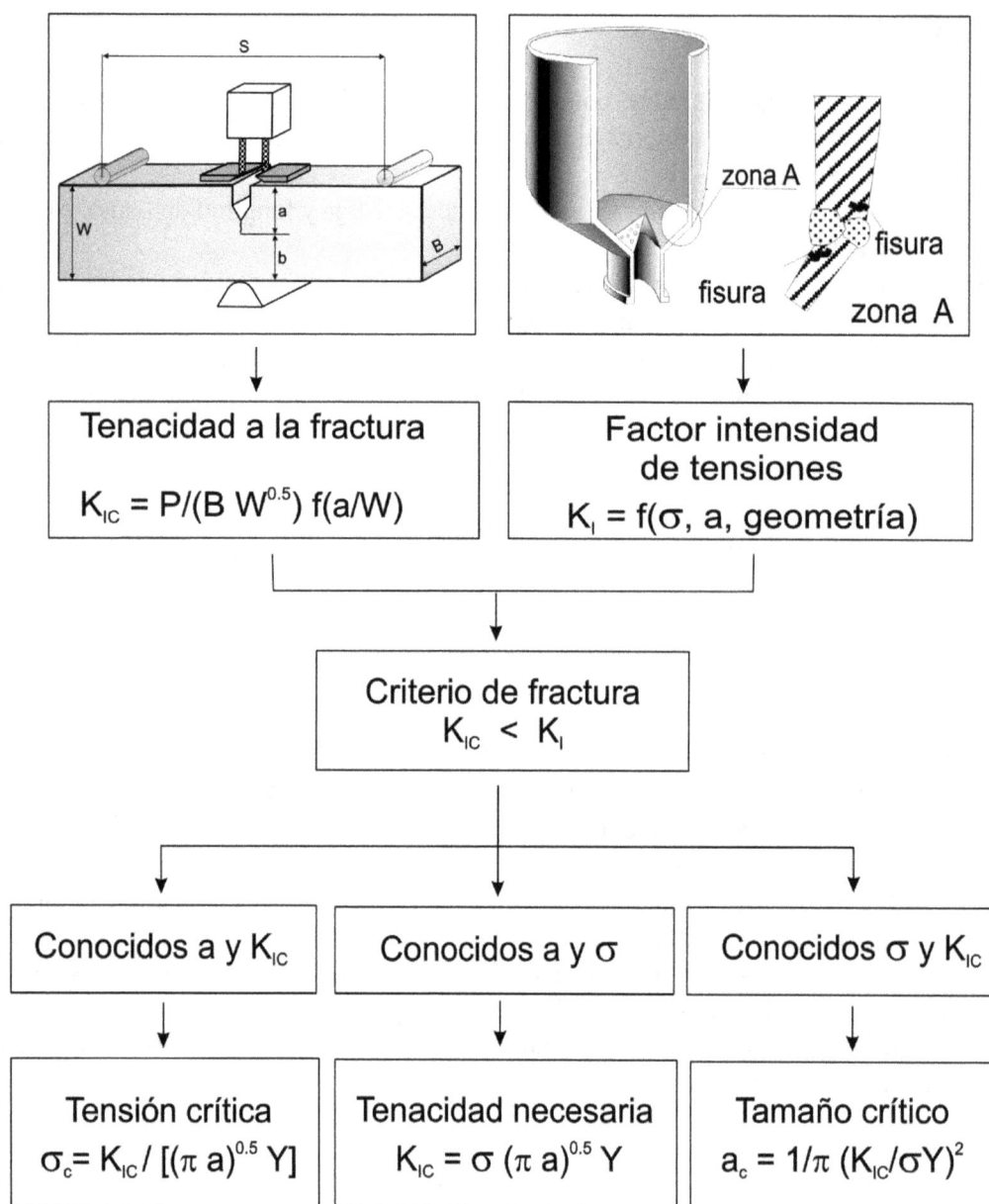

Figura 1.7. Esquema del uso de la mecánica de fractura lineal elástica.

1.5.1 Efecto de la deformación plástica

La solución elástica lineal que nos da el análisis de tensiones de Irwin [1.05] pierde validez en la zona deformada plásticamente. Además la existencia de plasticidad modifica la solución elástica, tal como se aprecia en la Figura 1.8 [1.12] donde se grafica la distribución de tensiones correspondiente a un material sin endurecimiento por deformación (elástico-perfectamente plástico). La tensión σ_y fuera de la zona deformada plásticamente tendrá una forma que puede ser descripta por una solución elástica lineal pero correspondiente a una longitud de fisura algo mayor, denominada longitud efectiva de fisura, $\mathbf{a_{eff}}$.

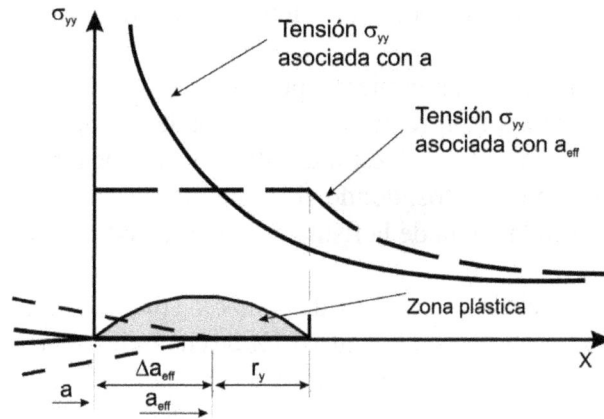

Figura 1.8. Efecto de la deformación plástica.

Bajo hipótesis muy simplificadas se determinó que la longitud efectiva de fisura está dada por:

$$a_{eff} = a + r_y \qquad (1.21)$$

donde r_y es el radio plástico y se calcula como (para estados planos de tensiones):

$$r_y = \frac{1}{2\pi} \left(\frac{K_I}{\sigma_{ys}} \right)^2 \qquad (1.22)$$

(para estados planos de deformaciones):

$$r_y = \frac{1}{6\pi} \left(\frac{K_I}{\sigma_{ys}} \right)^2 \qquad (1.23)$$

con:

σ_{ys}: tensión de fluencia.

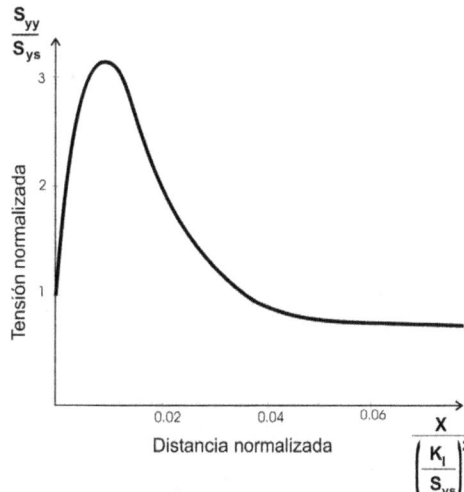

Figura 1.9. Distribución de tensiones elastoplásticas.

Los resultados obtenidos usando métodos considerablemente más sofisticados no difieren mucho de los dados.

Los materiales reales poseen endurecimiento por trabajado, y la deformación plástica comienza cuando una tensión efectiva alcanza un valor crítico dado por algún criterio de fluencia, por ejemplo Von Mises. En la Figura 1.9 se muestra una distribución de tensiones elastoplástica obtenida por el método de elementos finitos, donde el hecho más destacable es que los valores máximos de tensiones no están en la punta de la fisura como predice la solución elástica lineal, sino dentro del material.[1.13]

En aplicaciones correspondientes a estados de deformación plana, se considera "válido" un análisis elástico cuando el radio plástico es menor que el 2% de cualquier dimensión característica de la probeta o estructura. Esta condición se verifica usando la siguiente expresión:

$$a,\ B,\ W\text{-}a\ \geq\ 2.5\left(\frac{K_{IC}}{\sigma_{ys}}\right)^2 \tag{1.24}$$

con:

a: longitud de fisura,
B: espesor,
W-a: ligamento remanente.

Para aplicaciones en estados de tensión plana (pequeños espesores) se emplea la longitud efectiva de fisura, a_{eff}, con la que se calcula el llamado factor de intensidad de tensiones efectivo, K_{eff}.

1.5.2 Efecto de tamaño

Cuando se ensayan probetas de espesores crecientes, se obtiene una representación de la tenacidad en función del espesor como la de la Figura 1.10. En este fenómeno intervienen dos efectos, uno de espesor y otro de tamaño propiamente dicho.

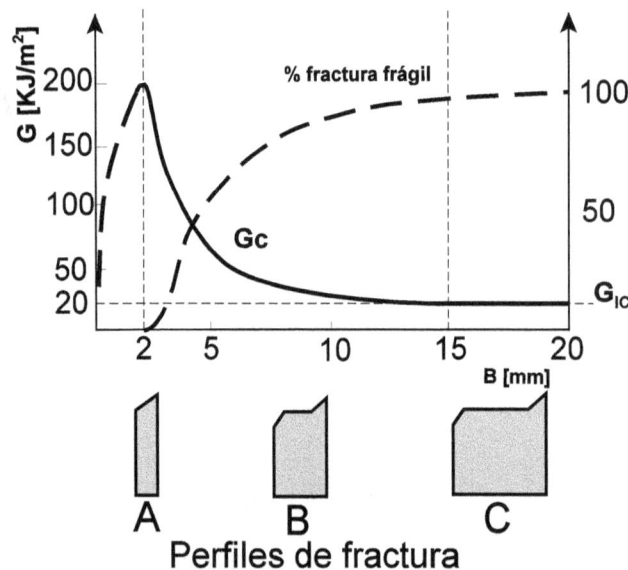

Figura 1.10. Efecto de tamaño en la tenacidad a la fractura.

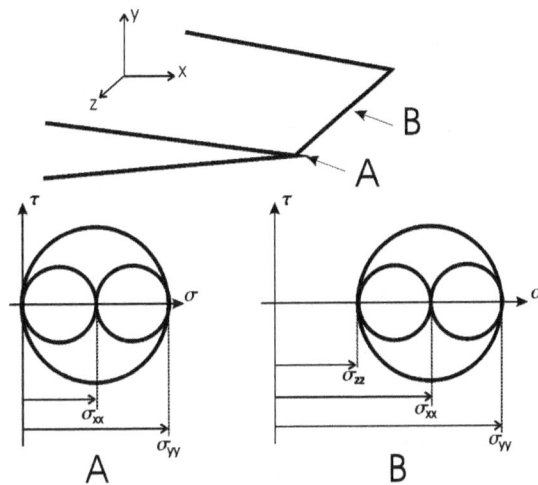

Figura 1.11. Estados plano de tensiones (**A**) y plano de deformaciones (**B**).

1.5.2.1 Efecto del espesor

Si analizamos el estado de tensiones en dos puntos delante de la punta de fisura (Figura 1.11), uno en la superficie (**A**) y el otro en el centro (**B**), vemos una gran diferencia: en la superficie el estado es de tensiones planas, mientras que en el centro tenemos deformaciones planas. La deformación plástica producida a partir de un cierto valor de la tensión de corte máxima (proporcional al radio del círculo de Mohr) se desarrollará en la superficie a menores niveles de tensión normal que en el centro. La Figura 1.12 muestra aproximadamente la forma y tamaño de la deformación plástica en la punta de la fisura en función del espesor.

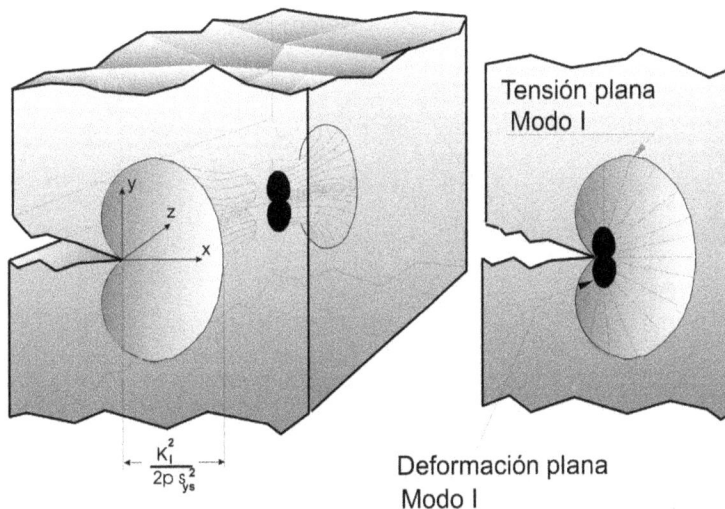

Figura 1.12. Zona deformada plásticamente en el frente de fisura.

1.5.2.2 Efecto de tamaño

De acuerdo con la solución elástica del estado de tensiones en la vecindad de la fisura,

$$\sigma_y = \frac{K_I}{\sqrt{2\pi r}}\, f(\theta) + \text{términos de orden superior} \tag{1.25}$$

$K_I/(2\pi r)^{0.5}$ es el término predominante en la expansión en serie. A medida que se incrementa la distancia a la punta de la fisura comienzan a tener importancia los otros términos. En la Figura 1.13 [1.14] se muestra el error cometido por la descripción de K_I a medida que nos alejamos de la punta para diferentes geometrías.

Entonces, si queremos obtener valores consistentes, la zona deformada plásticamente debe ser lo suficientemente pequeña frente a las dimensiones de la zona elástica donde el término $K_I/(2\pi r)^{0.5}$ es el dominante en la descripción del estado de tensiones. Como el tamaño de esta zona aumenta con el de la probeta o estructura, la mecánica de fractura lineal elástica será aplicable solamente a partir de tamaños superiores a uno mínimo, dependiendo del material.

Para materiales tenaces son necesarios espesores importantes, tal es el caso ya mencionado de los reactores nucleares donde, con espesores de más de treinta centímetros, el análisis lineal es válido; pero para determinar la tenacidad del material son necesarias probetas de dimensiones cercanas al metro. Esto, además de ser extremadamente oneroso, es difícil de implementar porque pocos laboratorios poseen máquinas de ensayo con capacidad suficiente. Para ello se han desarrollado otros métodos de ensayo que, sin salirse de un estado de deformación plana, no tienen la limitación de deformación plástica en pequeña escala.

1.6 DETERMINACIÓN EXPERIMENTAL DE LA TENACIDAD A LA FRACTURA. ENSAYO K_{IC}.

Hemos visto que los valores de K_C obtenidos de probetas de diferentes tamaños son función del espesor de la chapa, hasta que a partir de uno determinado, K_C no varía más (Figura 1.10). Por

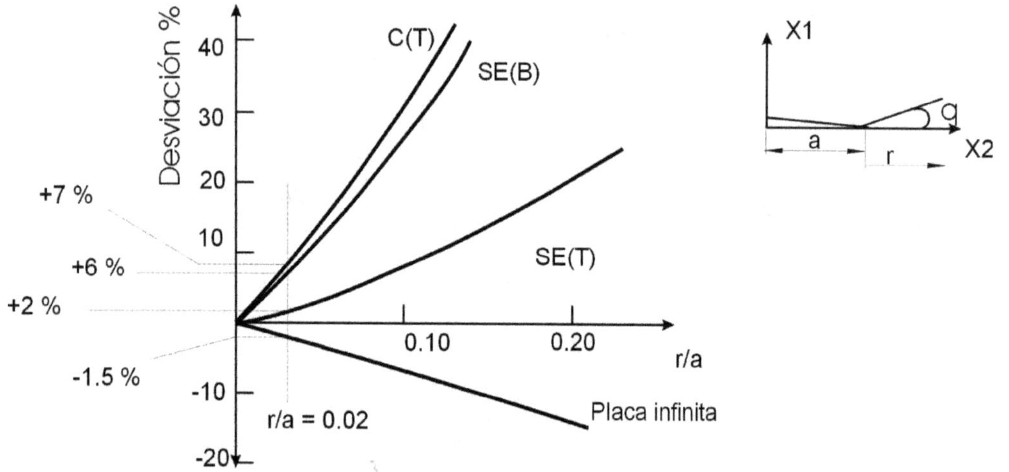

Figura 1.13. Error en la descripción por K_I de las tensiones en la vecindad de una fisura para distintas geometrías.

lo tanto se lo puede considerar como una constante, denominada $\mathbf{K}_{IC}$, que caracteriza la tenacidad de los materiales y que tiene un papel similar al que desempeña la tensión de fluencia en el comportamiento plástico. Por consiguiente es necesario realizar ensayos con muestras de un determinado material para establecer el valor $\mathbf{K}_{IC}$, para lo cual se debe poseer una técnica de ensayo normalizada a fin de que los resultados obtenidos en diferentes laboratorios sean comparables. La norma más difundida para determinar $\mathbf{K}_{IC}$ ha sido elaborada por el Comité E-24 de ASTM, llevando la denominación E-399[1.09], y la última versión corresponde al año 1990. La versión original fue editada en 1971, y desde entonces ha sufrido numerosas modificaciones y adiciones.

El método seguido para medir $\mathbf{K}_{IC}$ puede describirse de la siguiente manera. Dada una probeta provista de una entalla, mediante fatiga se produce una fisura que se extiende a partir del extremo de la entalla. Se aplica carga a la probeta hasta la inestabilización de la fisura, registrándose el desplazamiento de la boca de la entalla en función de la carga aplicada. El valor de $\mathbf{K}_{IC}$ se computa a partir de la carga obtenida mediante el procedimiento establecido por la norma, utilizando ecuaciones basadas en análisis de mecánica de fractura lineal. Se deben verificar tanto condiciones de linealidad en el registro, como de dimensiones mínimas de la probeta.

1.6.1 Probetas

La norma E-399 especifica tres tipos básicos: compactas de tracción (C(T)), de flexión en tres puntos (SE(B)) y en forma de C, brindando todas las relaciones geométricas para maquinar la probeta (Figura 1.14).

1.6.2 Fisura inicial

Las probetas deben ser provistas con una fisura inicial producida por fatiga. La Figura 1.15 ilustra el efecto del radio de curvatura inicial de la fisura en la medición de $\mathbf{K}_{IC}$, pudiéndose

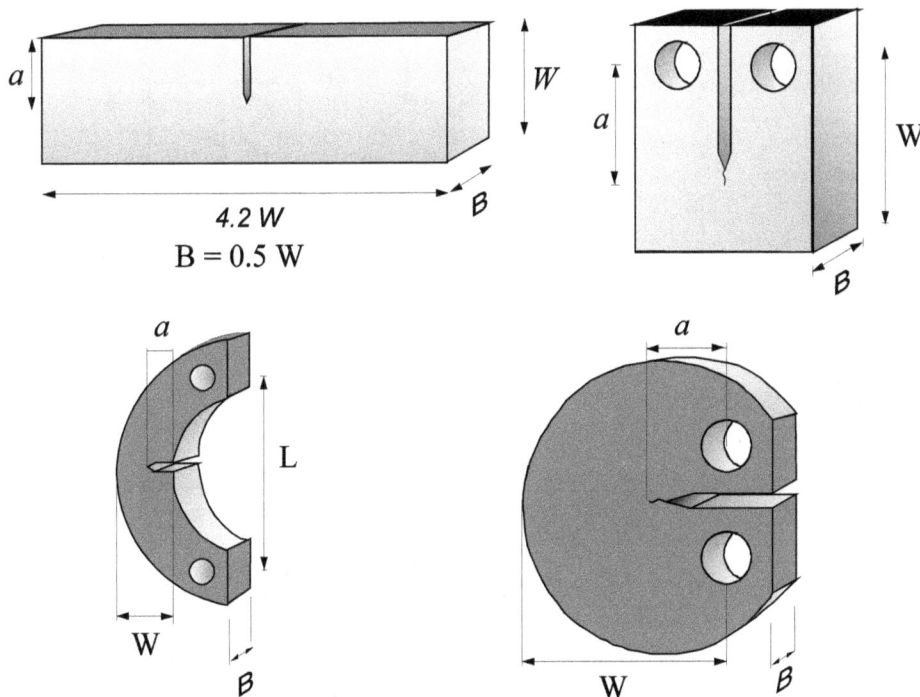

Figura 1.14. Probetas según ASTM E399

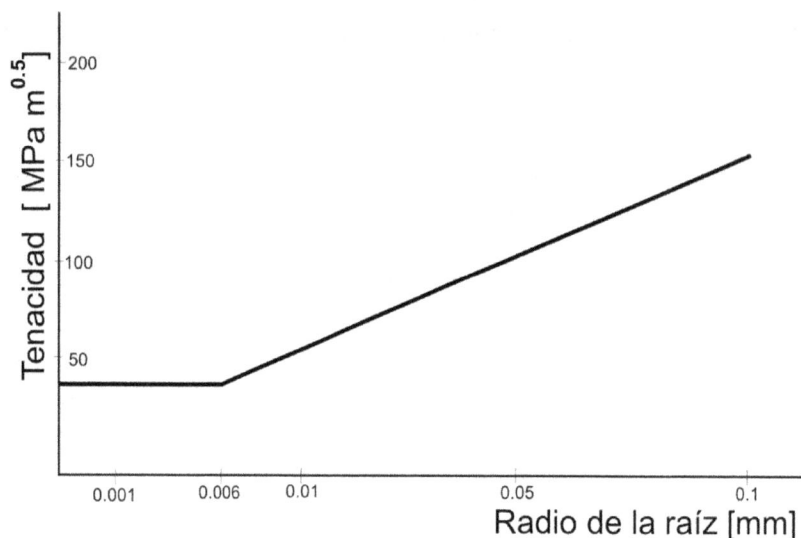

Figura 1.15. Efecto del radio de raíz de la entalla en la tenacidad.

observar que mediante la reducción del radio disminuye el valor de la tenacidad medida, hasta que se llega a un punto en que no hay más cambios. Los radios de fisura correspondientes a esta zona no se logran por maquinado, pero sí por fatiga bajo condiciones establecidas por la norma.

1.6.3 Trasductor de desplazamiento

El desplazamiento de la boca de la fisura se mide mediante un sencillo transductor cuya descripción está en la norma (Figura 1.16).

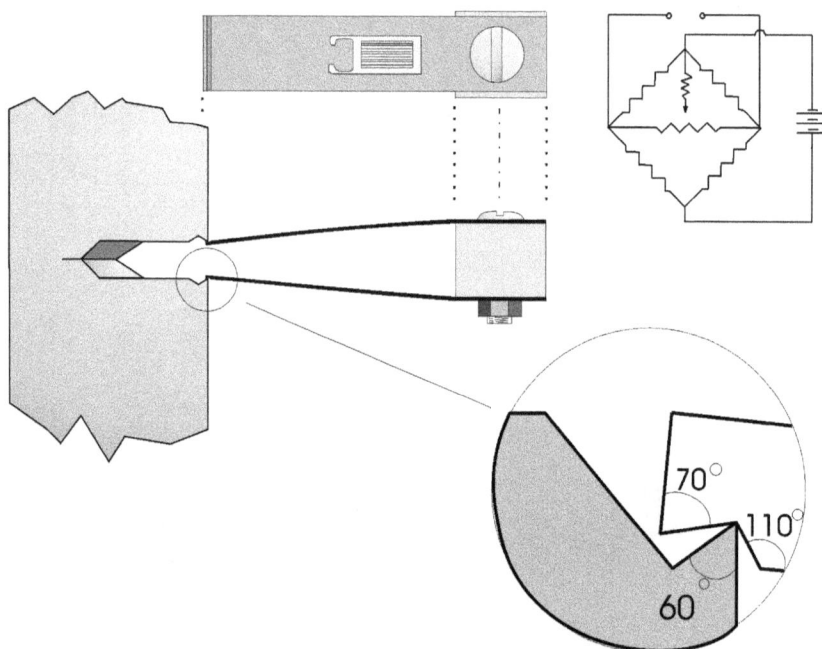

Figura 1.16. Medición del desplazamiento de apertura de boca de fisura.

1.6.4 Cálculo de K_Q

Si el material ensayado fuera completamente frágil y la fisura no creciera durante el ensayo, la curva de carga versus desplazamiento sería una línea recta. Los materiales reales presentan un comportamiento no lineal. La Figura 1.17 muestra casos típicos de curvas experimentales donde está indicada la forma de obtener la carga crítica P_Q necesaria para calcular K_Q, valor provisorio de tenacidad.

Este método, denominado de la secante, se basa en asignar a P_Q el máximo valor de carga encontrado en el registro antes de la intersección con una recta secante de pendiente 5% menor que la inicial de la curva. De esta manera se limitan las alinealidades, tanto debidas a deformación plástica como a crecimiento estable de la fisura durante el ensayo.

Entonces, una vez determinado P_Q, se calcula K_Q mediante las ecuaciones:
a) para probetas SE(B):

$$K_Q = \frac{P_Q S}{B W^{3/2}} f_1(a/W) \tag{1.26}$$

b) para probetas C(T):

$$K_Q = \frac{P_Q}{B W^{1/2}} f_2(a/W) \tag{1.27}$$

donde:
B: espesor de probeta
W: altura
S: luz entre apoyos (SE(B))
f_1 (a/w), f_2 (a/w) : factores de forma (tabulados o en desarrollos en serie).

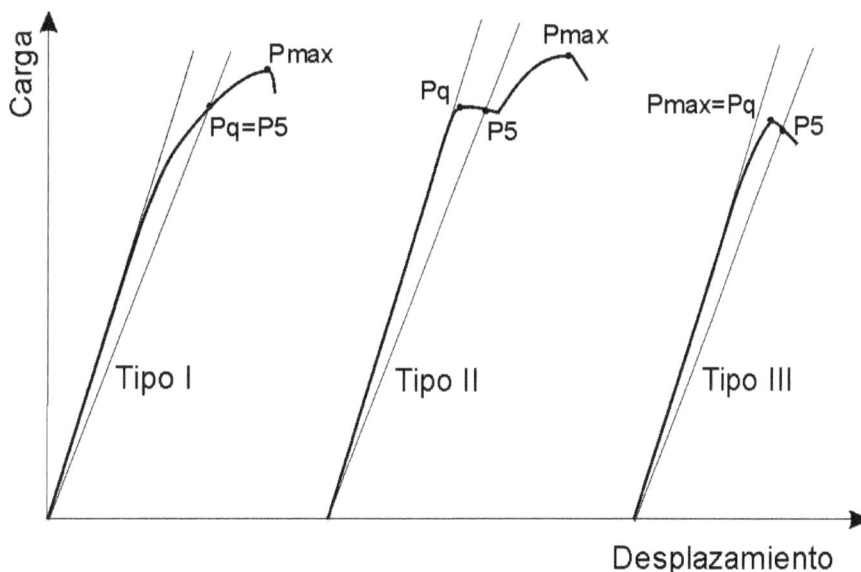

Figura 1.17. Registros carga-desplazamiento típicos.

1.6.5 Determinación de K_{IC}

Para que el valor de $\mathbf{K_Q}$ sea válido, y entonces pase a denominarse $\mathbf{K_{IC}}$, debe verificarse que cualquier dimensión característica de la probeta cumpla con

$$a,\ B,\ W\text{-}a \geq 2.5\left(\frac{K_{IC}}{\sigma_{ys}}\right)^2 \tag{1.28}$$

lo que nos asegura que el ensayo fue realizado en condiciones de estado plano de deformación y con plasticidad en pequeña escala. Si no se verifica esta inecuación, el ensayo es no válido y se debe ensayar una probeta de mayor tamaño.

1.A APÉNDICE: MÉTODOS DE CÁLCULO DEL FACTOR DE INTENSIDAD DE TENSIONES

El factor de intensidad de tensiones es el parámetro que caracteriza los campos de tensiones y deformaciones en la vecindad de una fisura en materiales con comportamiento lineal elástico.

$$\sigma_{ij} = \frac{K_N}{\sqrt{2\pi r}} \tag{1A.1}$$

con **N = I, II, III**.

Para las distintas configuraciones de fisuras y de estructuras o probetas, el factor de intensidad de tensiones se calcula como,

$$K_N = Y\sigma\sqrt{\pi a} \tag{1A.2}$$

Y: factor geométrico.

Y tiene en cuenta factores tales como proximidad de bordes o de otras fisuras, orientación y forma de la grieta y tipo de carga. Para el caso simple de una chapa infinita con una fisura central de longitud **2a** y sujeta a una tensión de tracción perpendicular a la grieta

$$Y = 1 \tag{1A.3}$$

Para determinar el factor **Y** correspondiente a otras geometrías hay diferentes métodos que pueden ser clasificados como sigue.

1.A.1 Métodos teóricos:

1.A.1.1 Función de tensión de Westergaard,
1.A.1.2 Funciones de tensiones complejas,
1.A.1.3 Método de colocación,
1.A.1.4 Transformación conforme,
1.A.1.5 Principio de superposición,
1.A.1.6 Funciones de Green,
1.A.1.7 Elementos finitos,
1.A.1.8 Elementos de contorno.

1.A.2 Métodos experimentales:

1.A.2.1 *Compliance*,
1.A.2.2 Fotoelasticidad,
1.A.2.3 Velocidad de crecimiento de fisuras por fatiga,
1.A.2.4 Interferometría y holografía.

A continuación describiremos brevemente algunos de ellos.

1.A.1.1 Función de tensión de Westergaard:

Westergaard[1.06] formuló una función $\mathbf{F_I}$ de Airy, que para MODO I y fuerzas autoequilibradas en la fisura, toma la forma

$$F_I = Re(\overline{\overline{Z}}_I) + y\, Im(\overline{Z}_I) \tag{1A.4}$$

donde $\mathbf{Z_I}$ es la función de tensiones de Westergaard.

$$\frac{d(\overline{\overline{Z}}_I)}{dz} = \overline{Z}_I$$
$$\frac{d(\overline{Z}_I)}{dz} = Z_I \tag{1A.5}$$

con $\mathbf{z} = \mathbf{x} + \mathbf{i}\,\mathbf{y}$ como la variable compleja.

Las componentes cartesianas de tensiones de $\mathbf{F_I}$ son:

$$\sigma_x = \frac{\partial^2 F_I}{\partial y^2}$$

$$\sigma_y = \frac{\partial^2 F_I}{\partial x^2} \tag{1A.6}$$

$$\tau_{xy} = \frac{\partial^2 F_I}{\partial x\, \partial y}$$

La configuración más simple estudiada por Westergaard fue la de una fisura en una chapa infinita sujeta a tensión biaxial uniforme en el infinito. La función de tensión es:

$$Z_I = \frac{\sigma_\infty Z}{\sqrt{z^2 - a^2}} \tag{1A.7}$$

Westergaard también analizó una grieta abierta por fuerzas en forma de cuña y una serie infinita de grietas alineadas bajo diferentes condiciones de carga.

Este método, que puede ser extendido a modos II y III, fue empleado por varios autores para resolver diferentes problemas de fisuras. [1.15, 1.16, 1.17]

1.A.1.3 Método de colocación

En este método la función de tensiones se representa bajo la forma de un desarrollo en serie, y la determinación del factor de intensidad de tensiones se reduce a la solución de un sistema de ecuaciones algebraicas. El desarrollo en serie de la función de tensiones es elegido de manera de cumplir con las condiciones de borde en la superficie de la fisura, mientras que las demás condiciones de borde son aproximadas, siendo "colocados" exactamente algunos puntos. Aunque la convergencia del método no está asegurada, ha sido aplicado en muchos casos.[1.18, 1.19] También se empleó, combinado con transformación conforme, en la resolución de geometrías complejas y doblemente conexas.[1.20]

1.A.1.5 El principio de superposición [1.21]

A partir del principio de superposición de las soluciones de la teoría lineal de la elasticidad y de la definición de **K**, podemos concluir lo siguiente:

    a) Si tenemos varios estados de carga, y si conocemos las soluciones de cada uno de ellos, es posible determinar los **K** correspondientes.

    b) El resultado final se obtendrá por adición de los valores de **K**.

Como ejemplo consideremos el problema de la Figura 1.A.1. Una placa sometida a una tracción uniforme σ, cuya carga está soportada por una fuerza concentrada aplicada en el punto medio de una fisura de longitud **2a.**

El problema se puede resolver como la superposición de los casos de la Figura 1.A.2, de los cuales conocemos la solución de *b* y *c*.

$$K_b = \frac{\sigma W}{\sqrt{\pi a}} \qquad\qquad K_c = \sigma\sqrt{\pi a} \qquad\qquad (1A.8)$$

Podemos escribir,

$$K_a = K_b + K_c - K_d \qquad\qquad (1A.9)$$

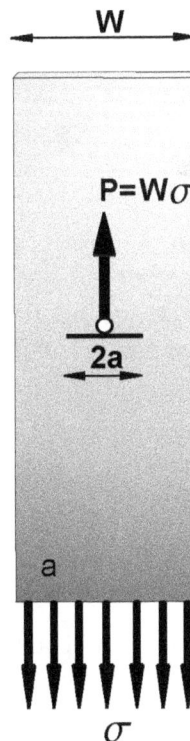

Figura 1A.1. Fuerza concentrada.

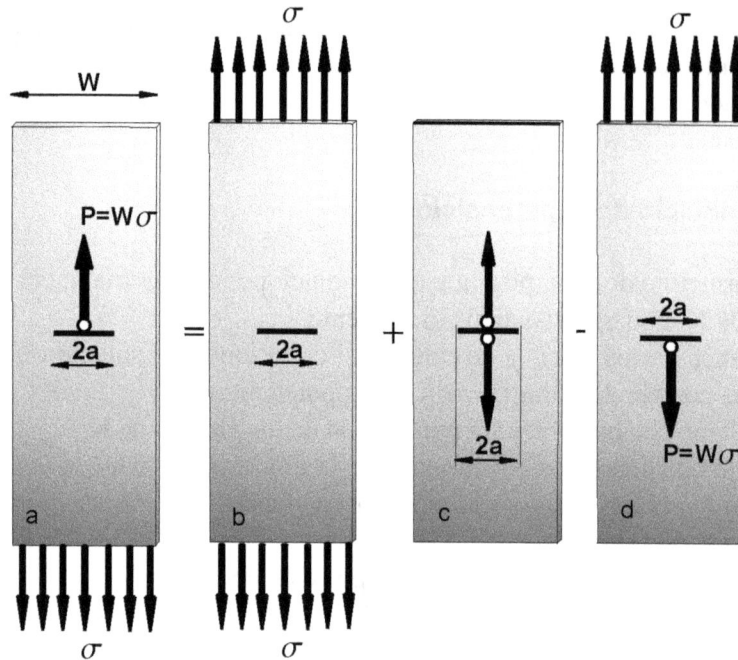

Figura 1A.2. Solución por superposición.

pero

$$K_a = K_d \tag{1A.10}$$

finalmente obtenemos el resultado

$$K_a = \frac{1}{2}(K_c + K_b) = \frac{1}{2}\left(\sigma\sqrt{\pi a} + \frac{\sigma W}{\sqrt{\pi a}} \right) \tag{1A.11}$$

Otro ejemplo es el caso de una fisura sujeta a presión interna, que puede ser resuelto de la manera mostrada en la Figura 1.A.3.

El caso *a* no presenta fisura, por lo tanto

$$K_a = 0 \tag{1A.12}$$

el caso *b* es idéntico al *a*, dado que a pesar de que una fisura de longitud **2a** ha sido introducida, se han agregado simultáneamente tensiones que la cierran. Además, este caso se puede obtener por superposición de los casos *c* y *d*:

$$K_b = 0 = K_c + K_d \tag{1A.13}$$

o también

$$K_d = -K_c = -\sigma\sqrt{\pi a} \tag{1A.14}$$

para el caso con presión interna debemos cambiar el signo de la tensión actuante

$$K = \sigma\sqrt{\pi a} \tag{1A.15}$$

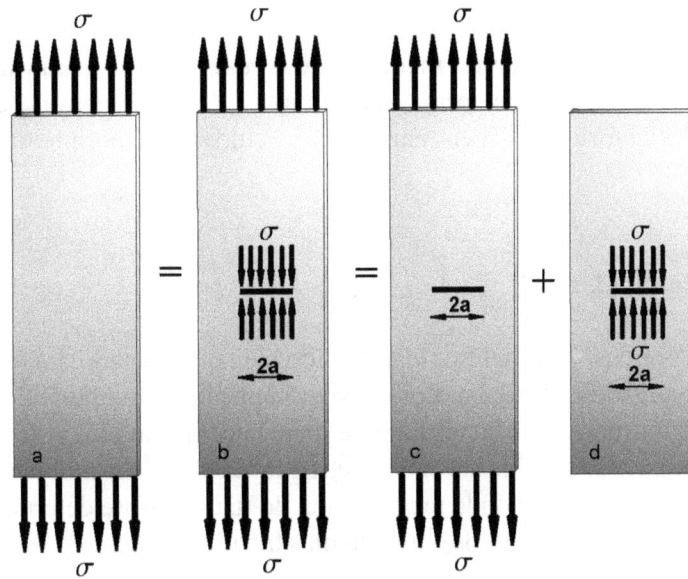

Figura 1A.3. Otro ejemplo de superposición.

1.A.1.7 Elementos finitos

Los métodos para determinar factores de intensidad de tensiones usando elementos finitos caen en tres categorías: aquellos en que los **K** pueden ser determinados directamente, aquellos en que se calculan indirectamente considerando cambios de energía debidos a la presencia de fisuras, y aquellos que emplean elementos especiales que representan la punta de la fisura. Los métodos directos requieren elementos pequeños en la vecindad de la punta de la fisura. Los indirectos, aunque no precisan tantos elementos, sufren una pérdida de precisión resultante del proceso de derivación. Han sido desarrollados elementos especiales para representar la singularidad de la punta de la fisura, los cuales permiten que los factores de intensidad de tensiones sean determinados directamente usando relativamente pocos elementos.

1.A.2 Métodos experimentales

1.A.2.1 *Compliance*

Irwin y Kies [1.22] mostraron que **G** podía ser escrito en términos de la carga aplicada, **Q**, y el cambio de *compliance*, **C**, con respecto al área de fisura **A**

$$G = \frac{Q^2}{2}\frac{dC}{dA} \tag{1A.16}$$

donde: **A = a t**,
            t: espesor,
entonces:

$$K_I = Q\left(\frac{E}{2}\frac{dC}{dA}\right)^2 \tag{1A.17}$$

La determinación de $\mathbf{K_I}$ involucra la medición de la *compliance* $\mathbf{C}$ para varias longitudes de fisuras. La evaluación de $\mathbf{dC/dA}$ en forma aproximada, $\Delta\mathbf{C}/\Delta\mathbf{A}$, permite calcular $\mathbf{K_I}$. Para obtener resultados satisfactorios se deben tener muchos cuidados experimentales.

1.A.2.2 Fotoelasticidad [1.23]

De los métodos ópticos, la fotoelasticidad ha sido el más empleado. La técnica tiene varias ventajas: está muy divulgada en los laboratorios, siendo por lo tanto obtenible fácilmente tanto el equipamiento como los materiales birrefringentes para hacer los modelos; usando la técnica de congelamiento de tensiones es factible hacer análisis tridimensionales; también se puede estudiar el comportamiento dinámico filmando la propagación de fisuras sobre determinados materiales birrefringentes o sobre materiales opacos con películas birrefringentes pegadas en su superficie.

1.A.2.3 Velocidad de crecimiento de fisuras por fatiga

Paris propuso que la velocidad de propagación de una fisura por fatiga era función de los factores de intensidad de tensión involucrados.

$$\frac{da}{dn} = f(\Delta K)$$

(1A.18)

Para determinar el factor de intensidad de tensiones para una nueva configuración es necesario realizar un ensayo de fatiga sobre esa geometría y registrar tanto la longitud como la velocidad de crecimiento de la fisura. Se debe realizar otro ensayo bajo idénticas condiciones en una probeta del mismo material pero para la cual se conoce el factor de intensidad de tensiones en función de la longitud de fisura y la carga aplicada. Por comparación de los datos de ambos ensayos, y sobre la base de velocidades de crecimiento equivalentes, se obtiene el factor de intensidad de tensiones buscado.

1.A.3 Observación final

Los métodos descriptos han sido muy empleados para estudiar los problemas de fisuras dentro del campo lineal elástico. Muchas de estas soluciones están compendiadas en manuales, [1.08, 1.25, 1.26] y más recientemente en forma de base de datos. [1.27]

De todos ellos, el que actualmente más se usa es el método de elementos finitos, presentando las mayores potencialidades ya que puede ser aplicado a condiciones muy variadas de geometrías, incluyendo casos tridimensionales. Además puede ser extendido al campo elastoplástico, incluyendo el crecimiento dúctil de fisuras.

REFERENCIAS

1.01   Griffith A. A., "The Fenomena of Rupture and Flow in Solids", *Phil. Trans Roy. Soc.*, **A221**:163 (1921).

1.02   Inglis C. E., "Stresses in Plate Due to the Presence of Cracks and Sharp Corners", *Transactions-Institute of Naval Arquitects*, London, **60**:219-233 (1913).

1.03   Irwin G.R., "Fracture Dynamics", *Fracturing of Metals*. ASM. Cleveland, (1948).

1.04   Orowan E., "Energy Criteria of Fracture", *Rep. Prog. Phys.* **12**:157s (1949).

1.05   Irwin G.R., "Analysis of Stresses and Strains Near the End of a Crack Traversing a Plate", *J. Appld. Mech.* **24**:361 (1957).

1.06   Westergaard H. M., "Bearing Pressures and Cracks", *J. Appld. Mech.* **61**: A49 (1939).

1.07   Irwin G.R., "Relation of Stresses Near a Crack to the Crack Extension Force", 9th. Int. Congr. Appld. Mech. Bruselas, (1957).

1.08   Tada H., París P. C. and Irwin G. R., *The Stress Analysis of Cracks Handbook* 3rd Ed., ASME/ASM (2000).

1.09   ASTM E-399 "Standard Test Method for Plane- Strain Fracture Toughness of Metallic Materials", *Annual Book of ASTM Standards*, **Vol 03.01**:506-536 (1992).

1.10   BS 5447:1977 "Methods of Test for Plane Strain Fracture Toughnees (K_{IC}) of Metallic Materials", British Standard Institution, (1977).

1.11   Asta E., "Criterios para Evaluar el Riesgo a Fractura Frágil", *Doc-IX. sc003/86.* IAS, Bs. As.(1986).

1.12   Vázquez J.A., *Fundamentos de Fractomecánica*, PMM- A/263. Gerencia de Desarrollo, CNEA, Bs. As. (1978).

1.13   Larsson L. H. Ed., *Advances in Elastic-Plastic Fracture Mechanics*, Appld Science Publishers Ltd. Essex, England, (1980).

1.14   Knott J. F., "The Fracture Toughness of Metals", de *A General Introduction to Fracture Mechanics*. A Journal of Strain Analysis Monograph. Cap. III, pp20. MEP Ltd, London (1979).

1.15   Irwin G. R., *Strucutral Mechanics*, pp557-594. Pergamon, N.Y., (1960).

1.16   Tada H., "Westergaard Strees Functions for Several Periodic Crack Problems", *Engng Fracture Mech.*, **2**:177-180 (1970).

1.17   Cartwright D. J. and Rooke D. P., "Evaluation of Stress Intensity Factors", in *A General Introduction to Fracture Mechanics*. MEP Ltd London, (1979).

1.18   Gross B. and Srawlsy J.E., "Stress Intensity Factors for Single Edge Notched Specimens in Bending or Combined Bending and Torsion by Boundary Collocation of a Stress Function", *NASA TN D- 2603* (1965).

1.19   Issida M., "Effect of Width and Lenght on Stress Intensity Factors of Internally Cracked Plates Under Various Boundary Conditions", *Int. J. Fracture Mech.*, **7**:301-316 (1971).

1.20   Bowie O. L. and Neal D. M., "A Modified Mapping Collocation Technique for Accurate Calculation of Stress Intensity Factors", *Int. J. Fracture Mech.*, **6**:199-206 (1970).

1.21   Sciammarella C., *Introducción a la Mecánica de Fractura*. Asoc. de Ing. Estructurales. Bs. As. (1982).

1.22   Irwin G. R. and Kies J.A., "Critical Energy Rate Analysis of Fracture Strength", *Weld. J. (Res. Suppl.)*, **33**:193s-198s (1954).

1.23   Kobayashi A. S. (ed.), *Experimental Techniques in Fracture Mechanics*, SESA Monograph (1973).

1.24   Tada H., Paris P. and Irwin G. R., *The Stress Analysis of Cracks Handbook*, Del Research Corp. Pennsylvania, (1973).

1.25   Sih G. C., *Handbook of Stress Intensity Factors*, Lehigh University Pennsylvania, (1973).

1.26   Murakami Y. et al (ed), *Stress Intensity Factors Handbook*, V. I-II. Pergamon Press (1987).

1.27   Aliabadi M. H., Callan R. *Database of Stress Intensity Factors*, Computational Mechanics Pub. (1995).

Capítulo 2

Efecto de la velocidad de carga

2.1 INTRODUCCIÓN

En contraste con el caso cuasi-estático, la fractura dinámica involucra velocidades de carga o deformación que son mayores que las encontradas en ensayos convencionales de tracción o de tenacidad a la fractura. La fractura dinámica incluye el caso de una fisura estacionaria sujeta a una carga aplicada rápidamente, así como el de una grieta propagándose en forma dinámica bajo una carga cuasi estática. En ambos casos el material de la punta de la fisura es deformado rápidamente y, si es sensible a la velocidad, puede ofrecer menor resistencia a la fractura que a cargas cuasi estáticas. También en ambos casos la historia de carga en la punta de la fisura puede estar influenciada por efectos de inercia.

El análisis de la fractura dinámica es de interés debido a que muchos componentes estructurales están sujetos a altas velocidades de carga en servicio, o deben sobrevivirlas durante condiciones de accidente. Entonces estos componentes deben ser diseñados contra la iniciación del crecimiento de fisuras bajo cargas dinámicas, o deben arrestar una grieta que está creciendo rápidamente.[2.01]

2.2 EFECTO DE LA VELOCIDAD DE DEFORMACIÓN EN EL COMPORTA- MIENTO A LA FRACTURA DE LOS MATERIALES

Por muchos años ha sido convencional asociar fragilización de aceros con cargas de impacto y medir su tenacidad en términos de resistencia al impacto. Esto ha generado la impresión de que altas velocidades de deformación están siempre acompañadas por una reducción de tenacidad. La aparición de la mecánica de fractura ha permitido un mejor entendimiento de la influencia de la velocidad de deformación y/o carga, y la temperatura, de tal manera que el punto de vista convencional ya no es universalmente aplicable y se diferencian distintos tipos de comportamiento.

Dos circunstancias pueden ser consideradas. Primero, cuando la tensión de fluencia varía con la velocidad de carga y/o la temperatura; entonces la fractura puede ocurrir tanto por encima como por debajo de la fluencia generalizada, dependiendo del tamaño y las propiedades del material. Segundo, los efectos de velocidad de deformación o temperatura pueden resultar en un cambio en el micro mecanismo de fractura, que puede producir un efecto particularmente fuerte en la tenacidad. En la práctica no es siempre fácil distinguir entre ambos efectos porque pueden ocurrir simultáneamente. Por el contrario, en ciertas circunstancias algunos materiales, por efecto de la difusión de hidrógeno hacia la región de la punta de la fisura, presentan disminución de tenacidad cuando la carga se aplica con velocidad particularmente baja.

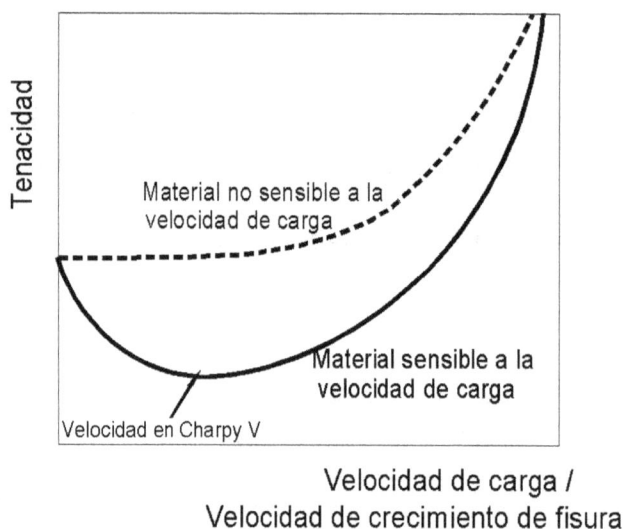

Figura 2.1. Efecto de la velocidad en la tenacidad a la fractura.

En general, una reducción de tenacidad ha sido confirmada en un rango de velocidades que llega hasta las empleadas en ensayos de impacto (**dK/dt ≈ 10^7 Nmm$^{-1.5}$seg^{-1}**). A velocidades mucho mayores que ésta fue observado un incremento de tenacidad, entonces se puede tener una variación de tenacidad en función de la velocidad de deformación como la curva inferior de la Figura 2.1 [2.02]. *Irwin* y *Wells* [2.03] sugirieron que la tendencia a incrementar la tenacidad a altas velocidades podría ser debido a calentamiento adiabático (la deformación plástica de la punta de la fisura produce calor, que a altas velocidades no puede ser disipado y entonces aumenta la temperatura de la zona de proceso y produce un corrimiento del material en la curva de transición dúctil-frágil).

No todos los materiales son igualmente sensibles a la velocidad de deformación, habiendo comportamientos que difieren, por ejemplo la curva superior de la Figura 2.1. [2.04, 2.05, 2.06]

La medición y el análisis del comportamiento a la fractura bajo altas velocidades de carga son más complejos que bajo condiciones cuasi estáticas, además todavía están en discusión diferentes procedimientos de ensayo para evaluar esta propiedad. Están normalizados algunos ensayos que son simples de realizar pero difíciles de interpretar, y que en general no proveen datos cuantitativos confiables. En cambio los ensayos más recientes que sí proveen valores cuantitativos de parámetros de tenacidad a la fractura son difíciles y caros de realizar, además de consumir mucho tiempo, por lo que no son adecuados para técnicas normalizadas de rutina. De todas maneras estos ensayos, y el esfuerzo de investigación asociado, ha facilitado el conocimiento básico de la fractura dinámica, lo que en el futuro llevará seguramente a procedimientos de ensayo simplificados. [2.01]

2.3 ENSAYOS DE FRACTURA DINÁMICA CUALITATIVOS

En el capítulo 7, Transición dúctil frágil, vemos el efecto de la temperatura sobre la tenacidad de algunos materiales como los aceros ferríticos: la curva de transición dúctil-frágil. En materiales sensibles a la velocidad de carga, la curva de transición se corre hacia las altas temperaturas cuando ella se incrementa (Figura 2.2). Uno de los primeros criterios empleados

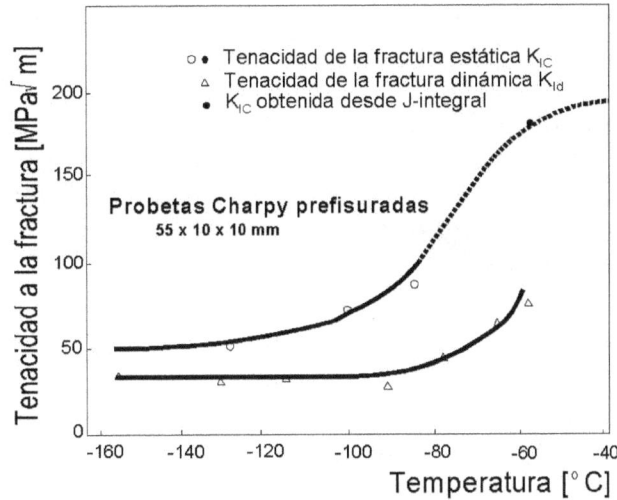

Figura 2.2. Corrimiento de la curva de transición con
la velocidad de deformación.

para evitar la fractura frágil fue que los materiales trabajaran a temperaturas correspondientes a la zona superior de la transición o *upper shelf*; se consideraba que así se evitaba la fractura. Entonces, para considerar el caso más desfavorable, se determinaba la curva de transición, o algún punto de la misma mediante un ensayo dinámico, generalmente de impacto, debiéndose verificar que la temperatura de trabajo estuviera alejada de la transición. Estos ensayos, que no dan un valor numérico para emplearlo en una fórmula de cálculo, son cualitativos y, además de lo ya mencionado, permiten medir comparativamente la tenacidad de diferentes materiales o situaciones, pudiéndose determinar cuál de ellos es más o menos tenaz a las temperaturas de interés. Los más comunes son Charpy V y *Drop Weight*. Para medir la resistencia dinámica al crecimiento de fisuras por mecanismo dúctil se emplea el *Drop Weight Tear Test* [2.07]. Describiremos someramente sólo el primero.

2.3.1 Ensayo Charpy V

El ensayo Charpy con entalladura en **V** mide la energía requerida para romper una barra de dimensiones dadas (Figura 2.3). [2.08]

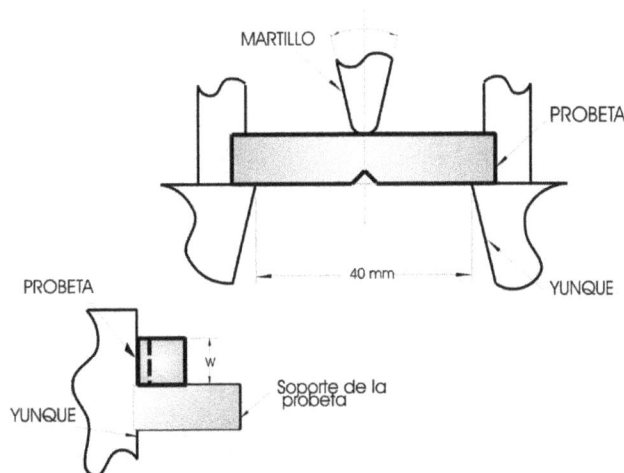

Figura 2.3. Ensayo Charpy V.

Este ensayo favorece la ocurrencia de un estado plano de deformaciones, pues la entalladura en **V** es relativamente aguda, la velocidad de deformación en la raíz de la entalla es elevada y el espesor de la probeta es suficiente como para inducir triaxialidad. Sin embargo, no puede utilizarse para la determinación directa de propiedades de tenacidad a la fractura.

Básicamente podemos decir que el ensayo Charpy V está relacionado con dos aspectos de la rotura:

a) iniciación de la fisura,

b) propagación de la fisura.

En cambio, en el ensayo de K_{IC} lo que se busca determinar es el valor de la tenacidad a la fractura que mide la resistencia a la propagación de una fisura. Por consiguiente, cuando se quiere inferir el valor de K_{IC} a partir de la energía de Charpy, es necesario utilizar correlaciones. En la literatura existen numerosas de ellas que permiten obtener el valor de la tenacidad a la fractura a partir de valores de Charpy. [2.09, 2.10] La mayoría de éstas son dimensionalmente incompatibles, ignoran diferencias entre las dos mediciones de tenacidad (fundamentalmente velocidad de carga y agudeza de la entalla), y son válidas para limitados tipos de materiales y zonas de la curva de transición. Además pueden presentar una gran dispersión de resultados. De todas maneras, algunas correlaciones proveen una guía útil para estimar (generalmente en forma conservativa) la tenacidad a la fractura mediante el simple y económico ensayo Charpy.

2.4   ENSAYOS DE TENACIDAD A LA FRACTURA DINÁMICOS

2.4.1 Ensayos de tenacidad a la fractura usando máquinas servo hidráulicas

A pesar de la importancia de la disminución de tenacidad con altas velocidades de carga en varios tipos de materiales, pocos procedimientos de ensayo para obtener valores de tenacidad a la fractura dinámica han sido normalizados. En esta sección discutiremos el uso de la norma ASTM E-399 [2.11] para ensayos de tenacidad a la fractura de aleaciones metálicas en su aplicación con cargas rápidas (Anexo 7). También *British Standards Institution* normalizó este ensayo juntamente con la determinación dinámica del CTOD. [2.12]

El procedimiento recomendado para un ensayo de tenacidad en deformación plana para carga rápida, $K_{IC}(t)$, es una modificación del cuasi estático que permite mediciones de tenacidad a velocidades de carga que exceden aquellas utilizadas en ensayos convencionales (velocidades de carga mayores que **2.75 MPa $m^{0.5}$ s^{-1}**).

Los requerimientos del Anexo 7 no son extensibles a ensayos de impacto, por lo que este procedimiento es aplicable a velocidades de carga intermedias entre la cuasi estática y las de impacto, utilizándose preferentemente máquinas servo hidráulicas.

Tanto la geometría y preparación de la probeta, como los dispositivos de carga, son los mismos que en ensayos cuasi estáticos. El tratamiento de los datos del ensayo y las ecuaciones para el cálculo de la tenacidad a la fractura son básicamente los mismos. La principal diferencia es que en el ensayo dinámico la carga es aplicada más rápidamente que en el cuasi estático. La velocidad de carga está limitada por la capacidad de la máquina servo hidráulica usada y, más importante, por la necesidad de limitar efectos inerciales y el rebote entre la probeta y los sistemas de carga y de soporte. Así es factible, en principio, interpretar los resultados con un análisis estático. Entonces el principal propósito del Anexo 7 de la ASTM- E- 399 es especificar las características adecuadas de la instrumentación del ensayo para evitar el repique y definir los límites para efectos inerciales tolerables.

Generalmente los *clips gauges* usados en ensayos cuasi estáticos no son adecuados para velocidades de carga altas debido a que sus dos brazos pueden oscilar durante el ensayo. La referencia [2.13] recomienda un modelo de clip útil para todas las velocidades de aplicación de carga admitidas por la norma.

En resumen: El procedimiento de ensayo con carga rápida de ASTM permite la medición de la tenacidad a la fractura dinámica usando un método de ensayo familiar (ASTM E-399). Pero hay que tener en cuenta que las velocidades de carga cubiertas por este método pueden no ser suficientes para evaluar completamente el efecto de la velocidad de carga sobre la tenacidad. Entonces se debe tener mucho cuidado cuando se emplean valores de $\mathbf{K_{IC}(t)}$ como estimaciones inferiores de tenacidad en condiciones dinámicas.

El procedimiento descripto no es aplicable para materiales con alta tenacidad , debiéndose obtener un parámetro elastoplástico tal como $\mathbf{J_{IC}}$. Estos métodos, más complejos, están en desarrollo. A los problemas ya mencionados de oscilaciones y de inercia se le debe agregar la no aplicabilidad del método de descargas parciales para medir el crecimiento estable de fisura, por razones obvias.

Logsdon y Begley [2.14] han aplicado el método de probetas múltiples, en cambio Marandet *et al.* [2.15] determinaron $\mathbf{J_{IC}}$ en una sola probeta utilizando el método de caída de potencial eléctrico de alta frecuencia para medir el crecimiento estable de fisura. Joyce [2.16] también ha realizado ensayos de una sola probeta aplicando el concepto de la *key curve*.

2.4.2 Ensayo Charpy instrumentado

Los ensayos de impacto convencionales tienen la gran desventaja de proveer solamente la energía total absorbida durante el proceso de fractura, sin separar las correspondientes a creación de la fisura (para probetas no prefisuradas), de iniciación del crecimiento y de propagación. Además, al no dar registros de carga y/o energía en función del tiempo y/o el desplazamiento, no es posible calcular ningún parámetro dinámico de mecánica de fractura. La principal ventaja de instrumentar un ensayo Charpy es la posibilidad de obtener toda esta información mientras se mantiene el bajo costo, las probetas pequeñas y la operación simple.

Con el empleo de probetas prefisuradas se han obtenido parámetros de tenacidad a la fractura directamente de los ensayos. [2.17, 2.18]

Un sistema típico de ensayo incluye un martillo instrumentado, un amplificador de instrumentación dinámico, un sistema de registro de las señales y un sensor de velocidad. El martillo instrumentado es la celda de carga dinámica y tiene pegados *strain gauges* para medir la carga de compresión mientras se produce el impacto sobre la probeta. La señal puede ser registrada en un osciloscopio, o bien digitalizada y almacenada por un sistema de adquisición de datos.

El comité E24 de ASTM tiene en estudio la normalización del ensayo Charpy instrumentado sobre probetas prefisuradas, pero solamente en el campo de la mecánica de fractura lineal elástica. Para la obtención de $\mathbf{J_{IC}}$ está la limitación adicional del desconocimiento del punto de iniciación del crecimiento estable de la fisura.

El desarrollo de ensayos instrumentados fue facilitado por la aplicación de las teorías estáticas de vigas entalladas a la flexión al caso dinámico de la probeta, aunque la verdadera distribución de tensiones, para estas velocidades o mayores, está influenciada por efectos de inercia y la propagación de las ondas de tensiones. Esta simplificación es por lo tanto otra importante limitación del ensayo que debe ser tenida en cuenta.

2.4.3 Curvas de respuesta al impacto [2.19]

La interpretación de registros carga-tiempo obtenidos en ensayos Charpy instrumentados sobre probetas prefisuradas puede ser difícil, particularmente cuando se considera la primera parte del registro. Esta dificultad, y el uso de una evaluación cuasi estática para determinar la tenacidad a la fractura dinámica por impacto, K_{ID}, restringe la aplicabilidad del ensayo, debiéndose limitar la velocidad de carga. La máxima velocidad permitida depende de la tenacidad del material a ser ensayado. Estas dificultades se solucionan aplicando el concepto de curvas de respuesta al impacto. Para condiciones de impacto fijas, tales como geometría de la probeta (particularmente longitud de fisura) y velocidad de impacto, se puede establecer, para el proceso específico considerado, la historia del factor de intensidad de tensiones dinámico en función del tiempo $K_{Idyn}(t)$. Esta curva relaciona cuantitativamente la respuesta de la probeta al impacto y es denominada curva de respuesta al impacto (*impact response curve*).

Ella depende solamente de la reacción elástica del sistema probeta-péndulo, y por lo tanto es única para el sistema considerado. Además es aplicable a todas las probetas del mismo material ensayadas bajo las mismas condiciones de impacto. Las únicas limitaciones son mantener las constantes elásticas: módulo de elasticidad E y la relación de Poisson, y no salirse del comportamiento de fluencia en pequeña escala.

Las curvas de respuesta al impacto pueden obtenerse tanto numérica como experimentalmente, y son específicas para el sistema máquina de ensayo, condiciones de ensayo (velocidad de impacto), la geometría de la probeta y constantes elásticas del material a ensayar. No entraremos en detalle acerca de cómo construirlas.

La tenacidad a la fractura dinámica se determina realizando un ensayo de impacto y midiendo, mediante un método apropiado, el tiempo a la fractura. El K_{ID} se obtiene de la curva de respuesta al impacto, entrando con el correspondiente tiempo a la fractura, tal como muestra la Figura 2.4.

El tiempo a la fractura puede ser obtenido de una máquina instrumentada con *strain gauges* en el martillo y un cabezal magnético de grabador cerca de la punta de la fisura, con la condición de haber magnetizado levemente la probeta.

La técnica de curva de respuesta al impacto representa una evaluación totalmente dinámica. Los efectos cinéticos son correctamente tenidos en cuenta durante el evento del impacto. Entonces el método puede ser aplicado a todas las condiciones experimentales, particularmente en ensayos de corto tiempo a la fractura cuando se usan altas velocidades de impacto o se ensayan materiales muy frágiles.

Este método no requiere una calibración de la carga, lo que es un requisito previo para ensayos Charpy instrumentados. La tarea complicada de determinar la curva de respuesta al impacto debe ser realizada una sola vez.

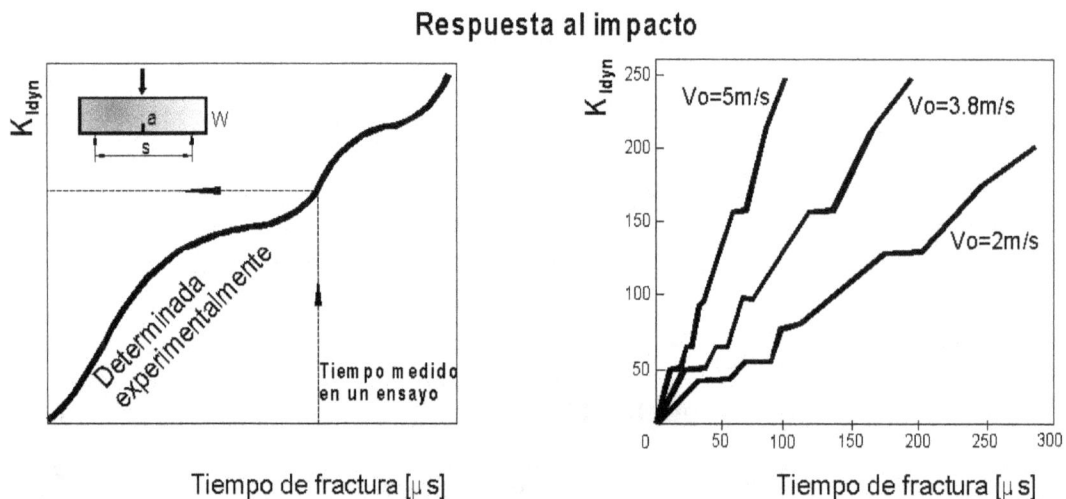

Figura 2.4. Curvas de respuesta al impacto.

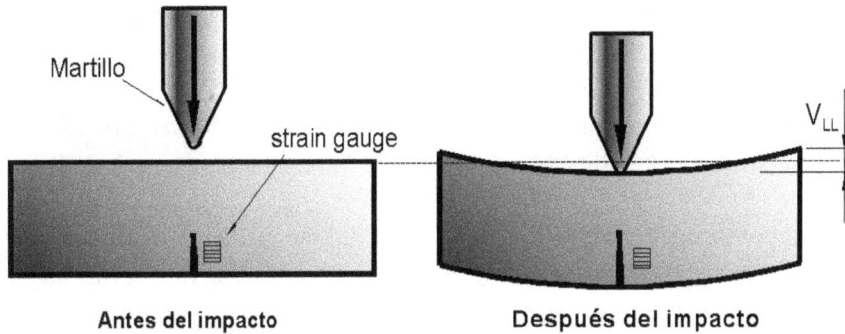

Figura 2.5. Ensayo de flexión en un punto.

El método está limitado a las condiciones de fluencia en pequeña escala debido a que la singularidad de la curva se pierde cuando están presentes grandes deformaciones plásticas. En estos casos son más aplicables los métodos que utilizan calibraciones cuasi estáticas.

2.4.4 Ensayo de flexión en un punto [2.20]

Investigaciones realizadas sobre el comportamiento dinámico de una probeta de flexión en tres puntos al ser impactada, han mostrado que inmediatamente después del impacto por el martillo, la probeta pierde contacto con los apoyos. En consecuencia la parte inicial de la curva de respuesta al impacto es estrictamente el resultado de cargas inerciales, sin contribución de las reacciones en los apoyos. Por lo tanto, si se aplican altas velocidades de impacto y cortos tiempos a la fractura, se hace innecesario soportar la probeta de flexión, y entonces se puede realizar el ensayo de flexión en un punto.

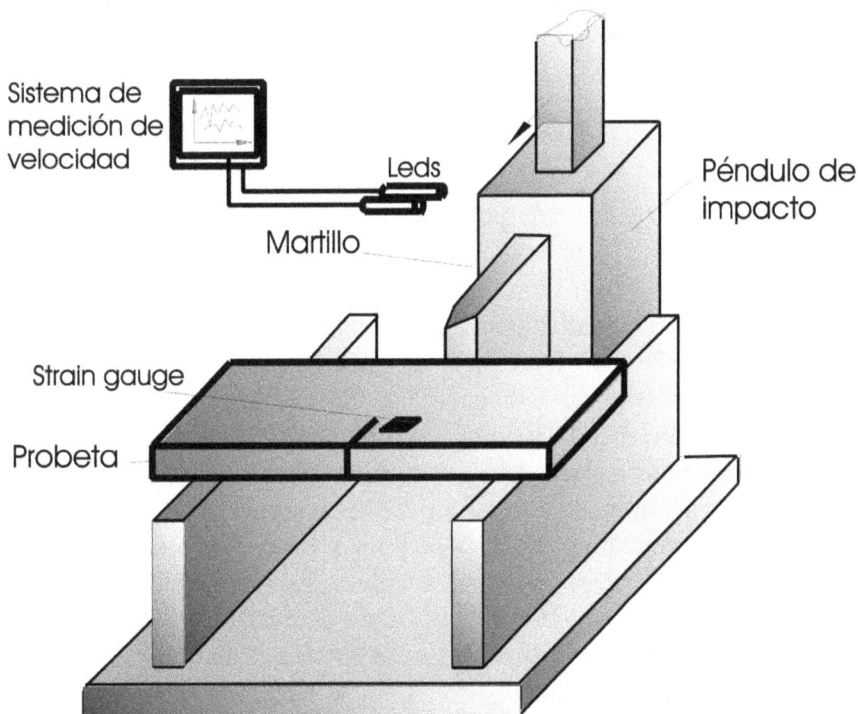

Figura 2.6. Flexión en un punto. Esquema de ensayo.

Este ensayo usa la misma probeta y los mismos dispositivos que un ensayo de flexión en tres puntos, pero sin los apoyos. En las Figuras 2.5 y 2.6 se muestra el procedimiento. Cuando el martillo golpea la probeta, la porción central de la misma es acelerada, pero los extremos quedan atrás una cantidad V_{LL} debido a la inercia. Esto causa que la probeta flexione y se cargue la punta de la fisura.

Los conceptos de la curva de respuesta al impacto y del tiempo a la fractura ya descriptas pueden ser directamente aplicables a este ensayo cuando se trabaja en el régimen de fluencia en pequeña escala.

La principal ventaja de este método es que la historia del factor de intensidad de tensiones dinámico $K_{Idyn}(t)$ incorpora completamente los efectos dinámicos, por lo que no hay límites impuestos a la velocidad de impacto y al tiempo de duración del ensayo. Además debido a que la carga ocurre solamente por inercia, la curva de respuesta al impacto del ensayo de flexión en un punto es insensible a las características de la máquina de ensayo, bajo la hipótesis de que la masa del martillo es mucho mayor que la masa de la probeta.

2.4.5 Ensayos con pulsos de corta duración [2.21]

Cuando una grieta es golpeada por un pulso de tensión de corta vida, los conceptos clásicos de la mecánica de fractura pueden ser inadecuados para predecir la inestabilidad de la misma. Cuando la duración de la carga aplicada es comparable con el tiempo requerido por las ondas para recorrer la longitud de la fisura, la historia de la intensidad de tensiones es muy diferente de la esperada de consideraciones estáticas. Más aún, si la duración de la carga aplicada es de unos pocos microsegundos, el tiempo debe ser incluido en el criterio de inestabilidad.

La mayoría de las situaciones de carga dinámica no requieren consideración de duración de carga para predecir la inestabilidad. De todas maneras, en ciertas situaciones que involucran impacto, detonación explosiva o irradiación láser pueden existir efectos de pulsos de corta duración.

De acuerdo con los conceptos estáticos, la tensión crítica para la inestabilidad disminuye a medida que la longitud de fisura aumenta.

$$\sigma_{crit} = C \, K_{IC} \, \sqrt{\pi a} \qquad (2.1)$$

Pero cuando una grieta es cargada por un pulso de tensiones corto, cuya duración es comparable al tiempo que tardan las ondas de tensión en recorrer una distancia representativa de la longitud de fisura, la tensión de inestabilidad puede ser mayor que la predicha por las ecuaciones estáticas. Se ha demostrado mediante experimentos en que fueron producidos pulsos de tensión controlados por técnicas de impacto de proyectiles, que por encima de una cierta longitud (relativa al producto de la duración del pulso por la velocidad de la onda), la tensión de inestabilidad es constante e independiente de la longitud de la fisura.

Entonces, asumiendo que la grieta debe experimentar un factor de intensidad de tensiones crítico durante una mínima cantidad de tiempo para hacerse inestable, Kalthoff y Shockey[2.22] desarrollaron un criterio de fractura para carga de pulsos cortos. De acuerdo con este criterio, para inestabilizar una grieta se necesitan mayores factores de intensidad de tensiones que en el caso estático. Más aún, las tensiones de inestabilidad no dependen de la longitud de la fisura.

Los ensayos para fractura por pulsos cortos de tensiones no son rutinarios y requieren equipamiento especial, tal como medidores de ondas de tensiones, pistolas de gas, paquetes especiales de programas para cálculo, etc.

2.5 Ensayos de arresto de fisuras [2.23]

La tenacidad de arresto de fisuras, K_{IA}, es una medida de la habilidad de un material para frenar una grieta que se está propagando. Actualmente el grupo de tareas E24.01.06 de ASTM está estudiando un procedimiento de ensayo para medir la tenacidad de arresto de fisuras. La determinación de esta propiedad de los materiales es de mucha importancia en muchas industrias.

Los resultados de ensayos han indicado que, debajo de la temperatura de transición dúctil-frágil (NDT), los valores de la tenacidad al impacto K_{ID} proveen una buena estimación de la tenacidad de arresto K_{IA}.

A temperaturas por encima de NDT esta relación no está comprobada, y además hay complicaciones experimentales para su determinación. De todas maneras se han desarrollado varios procedimientos para obtener estimaciones de K_{IA}.

Hasta 1974, los cálculos de K con estos experimentos asumían que K_{IA} no difería significativamente del valor de K correspondiente a un corto tiempo (1 ó 2 ms) después que la fisura se había arrestado, cuando la distribución de tensiones era esencialmente estática. Entonces, el valor de K dependía solamente de la carga aplicada para la geometría empleada. El valor obtenido de estos ensayos fue denominado K_{Ia}.

La posibilidad de que K_{Ia} pudiera diferir del K dinámico al momento de frenarse la fisura fue muy discutida, y se realizaron muchas investigaciones para dilucidar esta incógnita. La conclusión fue que los valores de K_{Ia}, obtenidos de ensayos de laboratorio relativamente simples, pueden proveer una estimación útil del valor del K_{IA} correspondiente a la verdadera tenacidad de arresto, siempre y cuando se cumplan determinadas condiciones de geometría y de aplicación de la carga.

El método de ensayo propuesto por ASTM provee una estimación de K_{IA} para materiales ferríticos por el uso de una probeta compacta cargada mediante una cuña en la línea de la fisura

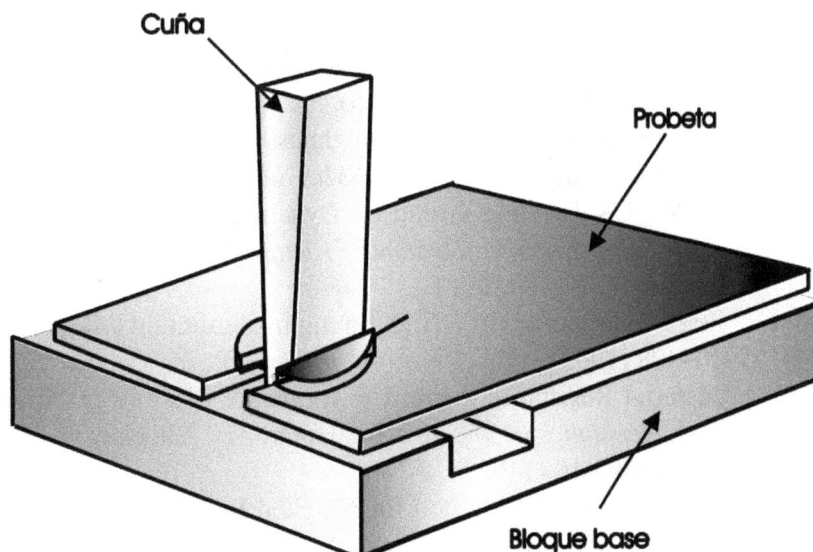

Figura 2.7. Ensayo de arresto de fisura con carga por cuña.

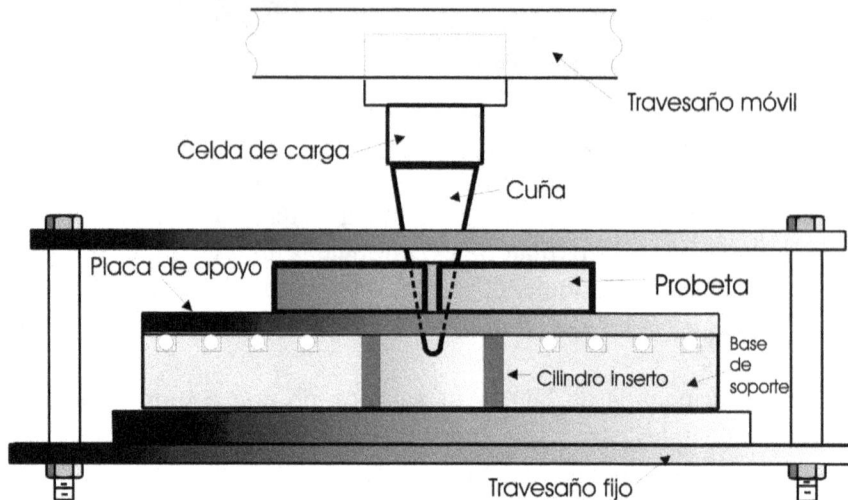

Figura 2.8. Esquema de carga por cuña para medir K_{IA}.

(Figuras 2.7 y 2.8). La estimación es denominada K_a. El ensayo se realiza cargando la probeta hasta causar el avance y la detención de la fisura. Por medio de un análisis estático se evalúa el factor de intensidad de tensiones correspondientes a un corto período de tiempo posterior al arresto, K_a.

Entonces, con la información disponible, el valor de K al momento del arresto de la fisura puede ser estimado usando ensayos sobre pequeñas probetas sin la necesidad de cálculos con análisis dinámicos. Estos ensayos están en etapa de discusión de borrador de norma por parte de ASTM.

REFERENCIAS

2.01   Shockey D. A., "Dynamic Fracture Testing", *Metals Handbook V. 8*, 9th Ed. pp 259 (1985).

2.02   Kraft J. H., Irwin G. R., "Crack-Velocity Considerations". *ASTM STP 381*:114-129 (1965).

2.03   Irwin G. R., Wells A. A., "A Continuum-Mechanics View of Crack Propagation". *Metallurgical Reviews* **10**(38):223-270 (1965).

2.04   Corten H. T., Shoemaker A. K., "Fracture Toughness of Structural Steels as a Function of The Rate Parameter **T ln(A/ė)**". *Trans. ASME, Serie D*, **89**(1):86-92 (1967).

2.05   Commision **X IIW**, UK Briefing Group on Dynamic Testing,, *Some Proposal for Dynamic Toughness Measurement. Dynamic Fracture Toughness* Vol. **1**, The Papers, The Welding Institute:127-145 (1976).

2.06   Radon J. C., "Fracture Properties of a High Strength Aluminium Alloy". *Materialprüfung,* **11**(12):401-408 (1969).

2.07   Klemm W., "Material Resistance Against Fast Ductile Fracture in Pipiline Steels". *Dynamic Fracture Mechanics for the 90's*, Ed. Homma H., Shockey D. A., Yagawa G. ASME, **PVP Vol 160**:99-104 (1989).

2.08   ASTM E23-92. "Standard Test Method for Notched Bar Impact Testing of Metallic Materials". *Annual Book of ASTM Standards*, **Vol 03.01**:205-224 (1992).

2.09   Marandet B. and Sanz G., "Evaluation of the Toughness of Thick Medium-Strenght Steels by Using Linear Elastic Fracture Mechanics and Correlation Between K_{IC} and Charpy V- Notch". *ASTM STP 631*, ASTM, pp 72-95 (1977).

2.10   Rolfe S. T. and Novak S. R., "Slow Bend K_{IC} Testing of Medium-Strength High Toughness Steels", *ASTM STP 463*, ASTM, pp 124- 159 (1970).

2.11   ASTM E-399-91, "Standard Test Method for Plane-Strain Fracture Toughness of Metallic Materials". *Annual Book of ASTM Standards*, **Vol 03.01**:506-536 (1992).

2.12   BS 6729:1987, "British Standard Method for Determination of the Dynamic Fracture Toughness of Metallic Materials". *British Standard Institution* (1987).

2.13   Shoemaker A. K. and Seekey R. R., *JTEVA*, **10**:245- 251 (1982).

2.14   Logsdon W. A. and Begley J. Z., "Dynamic Fracture Toughness of SA533 Grade A Class 2 Base Plate and Weldment". *STP 631. ASTM*, pp 477- 492 (1977).

2.15   Marandet B., Phelippeau G. and Sanz G., "Influence of Loading Rate on the Fracture Toughness of Some Structural Steel in the Transition Regime". *ASTM STP 833*, ASTM, pp 622- 647 (1984).

2.16   Joyce J. A., "Static and Dynamic J- R Curve Testing of A533B Steel Using the Key Curve Analysis Technique". *ASTM STP 791*. ASTM, pp I543-I560 (1983).

2.17   Koppenaal T. J., "Dynamic Fracture Toughness Measurements of High-Strength Steels using Precracked Charpy Specimens". *ASTM STP 466*. ASTM, pp 92-117 (1970).

2.18   Kobayashi T., "Measurement of Dynamic Toughness J_{Ia} by Instrumented Charpy Test". *Int. J. Fracture* **23**:R105-R109 (1983).

2.19   Kalthoff J. F., "Concept of Impact Response Curves". *Dynamic Fractue Test Metals. Handbook* V. **8**, 9th Ed., pp269- 271 (1985).

2.20   Giovanola J. H. J., "One Point Bend Test". *Ibid*, pp 271- 275.

2.21   Shockey D. A., "Short - Pulse - Duration Test". *Ibid*, pp282- 284.

2.22   Kalthoff J. F., Shochey D. A., "Instability of Cracks under Impulse Loads". *J. Appl. Physics* **48**(3):986-992 (1977).

2.23   Irwin G. R.. "Crack Arrest Test". *Ibid*, pp 284- 286.

Capítulo 3

Crecimiento de fisuras por fatiga

3.1 INTRODUCCIÓN

Con el desarrollo de los ferrocarriles durante el siglo XIX, se comenzaron a observar fallas en puentes y componentes ferroviarios que estaban sujetos a cargas repetidas. Como los esfuerzos eran de tal intensidad que bajo condiciones estáticas no producirían problemas, pronto se aceptó que las fallas eran una consecuencia de la naturaleza cíclica de las cargas. El problema fue definido como fatiga del metal y fue considerado como un problema de fractura relacionado con la naturaleza cíclica de las cargas aplicadas. En 1860 Whöler, un ingeniero ferroviario alemán, propuso un método mediante el cual se podía evitar este tipo de falla. La Figura 3.1 muestra la vida a la fatiga en función de la amplitud de la tensión y su valor medio. Whöler encontró que limitando la amplitud de la tensión a un cierto nivel, la vida de un componente se hacía virtualmente infinita. Este valor fue llamado límite de fatiga y fue considerado una propiedad del material. El método tradicional para diseñar contra la fatiga se basa en tensiones admisibles de fatiga obtenidas en función del límite de fatiga.

Los ensayos para determinación del límite de fatiga se realizan en laboratorio con probetas cuidadosamente mecanizadas. Diferentes factores tales como tensión media, medio ambiente y terminación superficial afectan la vida a la fatiga de los materiales (Figuras 3.1, 3.2 y 3.3). Además no todos los materiales presentan un límite a la fatiga.

Ya a principios del siglo XX se comenzó a entender a la fatiga como un proceso progresivo y localizado, involucrando tanto la iniciación como el crecimiento hasta la rotura de una fisura. Desafortunadamente esto no fue aceptado en forma general, y entonces la fatiga fue considerada como un deterioro gradual de un material sometido a cargas variables. A pesar de que existe una

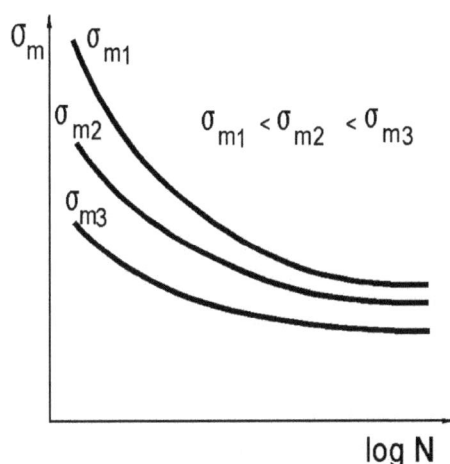

Figura 3.1. Curvas de Whöler. Efecto de la tensión media.

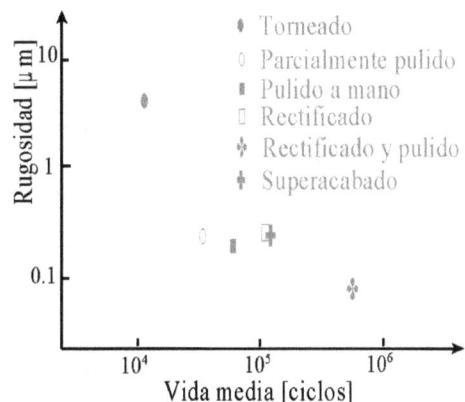

Figura 3.2. Efecto de la terminación superficial.

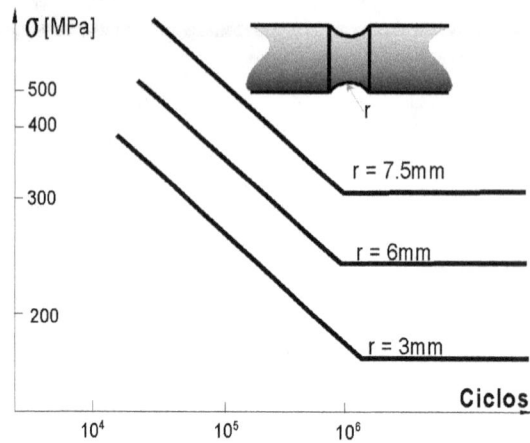

Figura 3.3. Influencia del factor de concentración de tensiones.

enorme cantidad de literatura sobre el tema, no ha sido sino a partir de la introducción de la mecánica de fractura que se ha logrado una comprensión de la fenomenología del crecimiento de fisuras por fatiga.

La rotura por fatiga presenta tres etapas características: [3.01]

> 1) Iniciación de la fisuración.
> 2) Propagación de la fisura.
> 3) Fractura.

La fractura es la etapa final y lleva a las condiciones terminales bajo una combinación de la tensión, la longitud de fisura, la geometría y la tenacidad del material.

Un ensayo sobre una probeta de laboratorio finamente pulida es en gran parte un ensayo de resistencia a la iniciación de la fisuración (Figura 3.4). Pero en cambio, la mayoría de las estructuras contienen defectos tipo grieta introducidos durante la fabricación -especialmente si se usa soldadura- o los desarrollan en una etapa primaria de su uso; de tal manera que toda o casi toda su vida está ocupada por el crecimiento de la fisura por fatiga.[3.02] Por esta razón son de gran uso en la actualidad los ensayos para determinar el crecimiento de las grietas por fatiga, habiéndose probado que el concepto del factor de intensidad de tensiones es particularmente conveniente para la descripción y análisis del fenómeno.

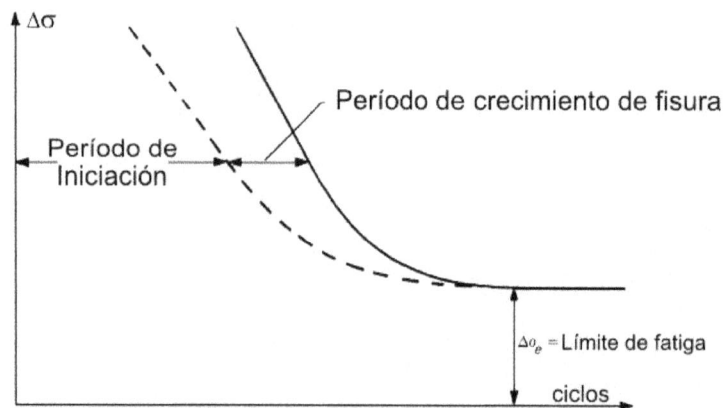

Figura 3.4. Curva de Whöler con la iniciación indicada.

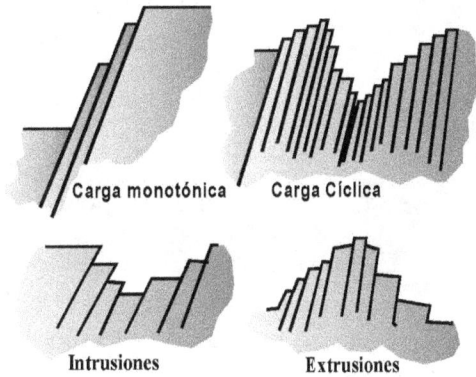

Figura 3.5. Intrusiones y extrusiones.

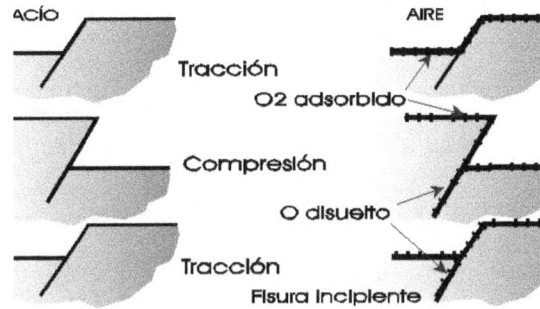

Figura 3.6. Influencia del medio ambiente en la etapa I.

3.2 ETAPA I: INICIACIÓN DE LA FISURACIÓN

Las fisuras por fatiga se originan en áreas donde se concentran las deformaciones plásticas. Estas zonas generalmente tienen lugar en los defectos que existen en la superficie libre del material. También se pueden nuclear fisuras en la interfase de una inclusión y la matriz del material. En esta primera etapa tiene una influencia muy grande la terminación superficial de las probetas o estructuras.

Los primeros síntomas de fatiga están dados por la aparición de bandas de deslizamiento. Posteriormente estas bandas de deslizamiento comienzan a concentrar las deformaciones produciéndose las denominadas extrusiones e intrusiones (Figura 3.5). [3.03]

Esta etapa, gobernada por las tensiones de corte actuantes en la zona, no es visible al ojo humano pues normalmente no se extiende a más de 2 a 5 granos. La cantidad de ciclos consumidos puede corresponder entre el 0 y el 90 % del número total de ciclos a la rotura. La presencia de entallas, el medio ambiente y altas tensiones localizadas reduce la duración de esta etapa (Figura 3.6). En cambio. la introducción de tensiones residuales de compresión en la superficie afecta mucho la extensión de esta primera etapa. Por ello es común emplear granallado (*shot peening*), laminación superficial o tratamiento termoquímico, lográndose vidas libres de fisuras mayores. La Figura 3.7 muestra una fotografía tomada en microscopio electrónico de intrusiones, extrusiones y un embrión de fisura.

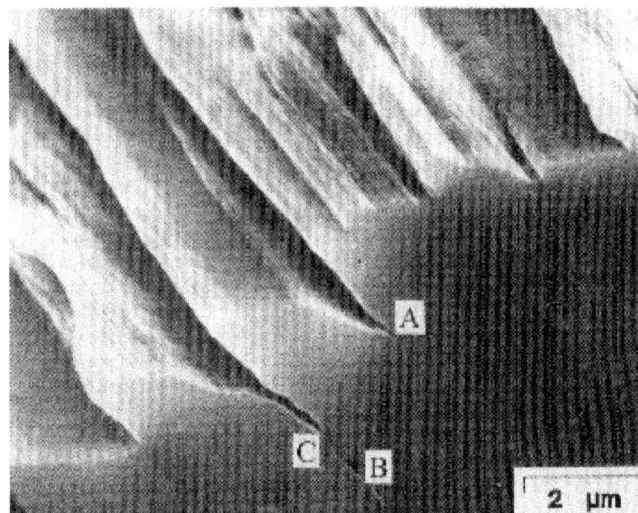

Figura 3.7. Embrión de fisura.

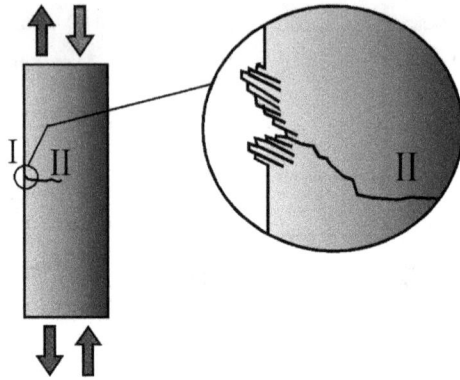

Figura 3.8. Etapas I y II.

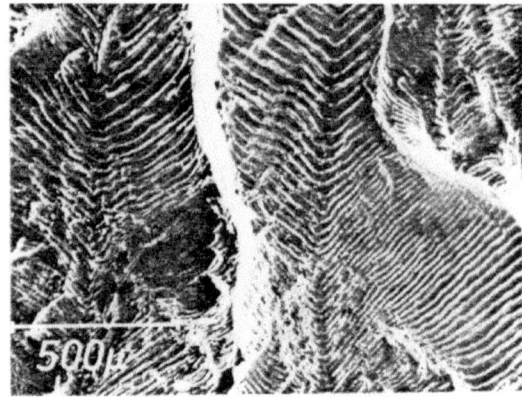

Figura 3.9. Estrías en la superficie de fractura por fatiga.

3.3 ETAPA II: PROPAGACIÓN DE LA FISURA

A la iniciación de la fisura le sigue la propagación que se realiza en MODO I (Figura 3.8).

Uno de los aspectos más importantes de la propagación de la fisura es que el avance de la misma se produce en incrementos finitos, los que pueden corresponder a cada uno de los ciclos de carga aplicada. Este avance deja marcas en la superficie de fractura como las mostradas en la Figura 3.9, que se denominan estrías.

El proceso de crecimiento de fisuras por fatiga está controlado por la reversión de las deformaciones plásticas de la punta de la fisura. En la Figura 3.10 se indican esquemáticamente las tensiones actuantes en la vecindad del extremo de la fisura bajo carga, y también las tensiones residuales que quedan en la descarga, como consecuencia de que la zona deformada elásticamente no puede recuperar su forma inicial por la oposición del material deformado plásticamente. En la Figura puede verse que la tensión residual alcanza la de fluencia por compresión en una fracción de la zona plástica por tracción. El nuevo ciclo de carga producirá una nueva fluencia, pero en sentido opuesto a la anterior. Esta consideración llevó a Paul Paris a concebir que el tamaño de la zona plástica tiene un rol fundamental en la fatiga. [3.04]

$$r_p = \frac{1}{3\pi} \left(\frac{K_I}{\sigma_{ys}}\right)^2 \quad (\textit{deformación plana}) \tag{3.1}$$

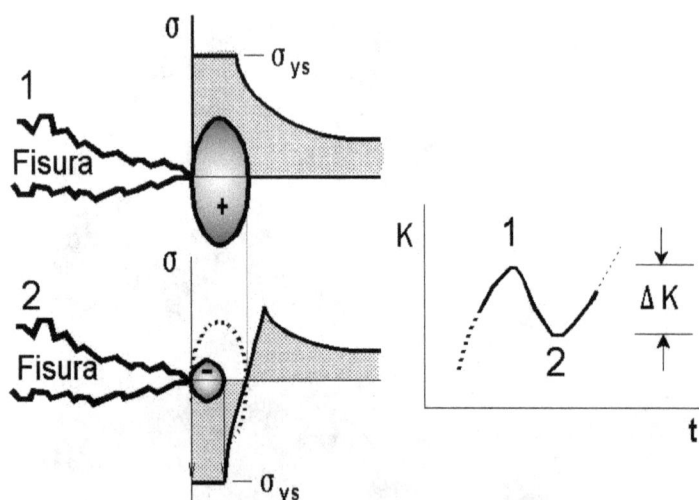

Figura 3.10. Reversión de la deformación plástica.

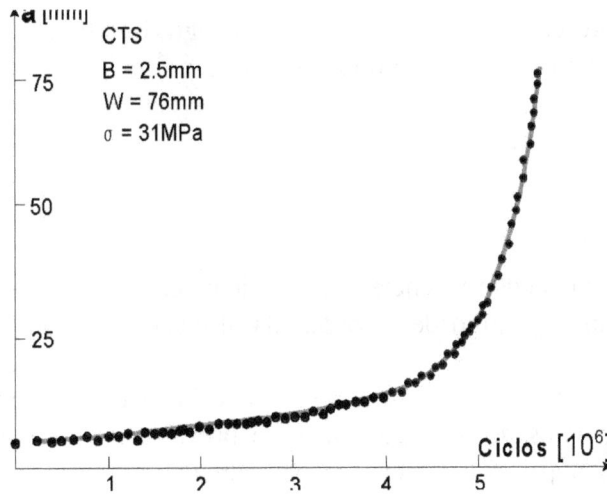

Figura 3.11. Datos de un ensayo de crecimiento de
fisuras por fatiga.

El tamaño de la zona afectada por la inversión de tensiones está indudablemente controlado por $\Delta\mathbf{K}$, es decir, la diferencia entre los valores de $\mathbf{K_{Imáx}}$ y $\mathbf{K_{Imín}}$ provocados por los valores máximo y mínimo de la variación de carga.

Con esto en mente, Paris realizó ensayos de fatiga sobre probetas compactas, con valores máximo y mínimo de carga constantes. A intervalos fijos midió tanto la longitud de fisura como el número de ciclos y representó estos datos como se muestra en la Figura 3.11. Determinó para cada punto **a** el valor de su pendiente, **da/dn**. Por otro lado, con los valores constantes de $\mathbf{P_{máx}}$ y $\mathbf{P_{mín}}$, y los valores crecientes de **a**, calculó los correspondientes valores de $\Delta\mathbf{K}$. A continuación representó en escala doble logarítmica la velocidad de crecimiento, (**da/dn**), versus el $\Delta\mathbf{K}$ aplicado. Obtuvo así una curva sigmoidal como la mostrada en la Figura 3.12, con tres regiones bien características.

En la **región I**, no hay propagación de la fisura para valores de $\Delta\mathbf{K}$ menores a $\Delta\mathbf{K_{th}}$. Ello implica que es necesario un cierto umbral del factor de intensidad de tensiones para que una fisura comience a propagarse. A partir de este valor se da un aumento casi vertical de la velocidad de propagación de la fisura hasta entrar en la **región II**.

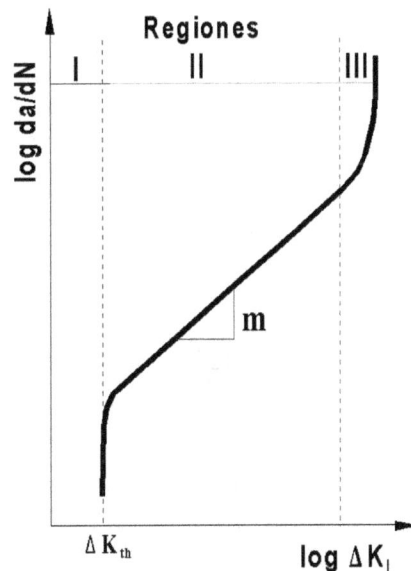

Figura 3.12. Velocidad de crecimiento de fisura.

En la **región II** se presenta una relación lineal entre **log(ΔK)** y **log(da/dn)**, por lo que Paris propuso la siguiente relación, conocida como ley de Paris. [3.05]

$$\frac{da}{dn} = C \, \Delta \, K^{m} \tag{3.2}$$

Las constantes **C** y **m** pueden obtenerse a partir de la recta que se aproxima a los datos en la **región II**, como el antilogaritmo de la ordenada al origen y la pendiente de la misma, respectivamente.

En la **región III** se produce un aumento de la velocidad de crecimiento debido a la superposición de mecanismos de propagación, y ya prevalecen condiciones alejadas de la plasticidad en pequeña escala. Corresponde a los relativamente pocos ciclos previos a la fractura de la probeta, cuando el $K_{Imáx}$ se acerca al K_{IC}.

El conocimiento del valor umbral, ΔK_{th}, permite el cálculo de longitudes de fisura tolerables y/o tensiones aplicadas a fin de evitar el crecimiento de fisuras por fatiga.

Para materiales que tienen una **región II** extendida, la Ley de Paris es particularmente útil para predecir el crecimiento de las fisuras en función de las variaciones del factor de intensidad de tensiones.

La Figura 3.13 da un panorama del comportamiento de una serie de materiales comúnmente empleados en aplicaciones estructurales. Las posiciones de las curvas de velocidad de crecimiento representan una tendencia general. Entonces las aleaciones de aluminio generalmente tienen mayores velocidades de propagación que las aleaciones de titanio o los aceros a iguales valores de ΔK, y los datos de los aceros caen dentro de una región sorprendentemente estrecha, a pesar de grandes diferencias en composición, microestructura y tensión de fluencia.

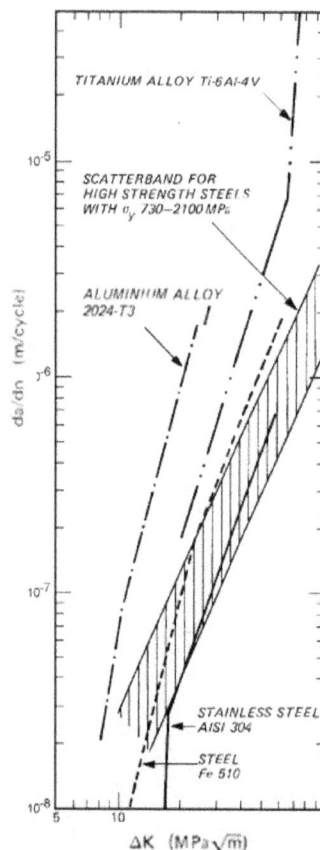

Figura 3.13. Velocidad de crecimiento de fisuras
para varios materiales estructurales.

La habilidad de ΔK para correlacionar la velocidad de crecimiento de fisuras depende en gran medida del hecho que las tensiones alternativas resulten pequeñas comparadas con la tensión de fluencia. Entonces la región deformada plásticamente en la vecindad de la punta de la fisura será pequeña comparada con cualquier dimensión característica.

3.4 PREDICCIÓN DE LA VIDA ÚTIL DE UN COMPONENTE

Si consideramos la ecuación de Paris y procedemos a integrarla,

$$N = \int_{ai}^{af} \frac{da}{C\,(\Delta K)^m} \tag{3.3}$$

obtenemos, suponiendo ΔK= **cte**:

$$N = \frac{2}{(m-2)\;C\;\pi^{1.5}\Delta\sigma^m\;Y^m}\left[\frac{1}{a_i^{\frac{m-2}{2}}} - \frac{1}{a_f^{\frac{m-2}{2}}}\right] \tag{3.4}$$

Esta ecuación nos permite predecir la vida útil de un cierto componente si conocemos el tamaño de la fisura inicial y calculamos el tamaño crítico de la fisura que producirá la fractura del material. Mientras la noción de la longitud crítica a_c es perfectamente clara, el valor del tamaño inicial de la fisura es un concepto que es necesario profundizar. Su determinación puede obtenerse mediante métodos de ensayos no destructivos. En realidad el tamaño inicial de la fisura que se utilizará en el cálculo estará dado por el tamaño medido, o por el umbral de detección del método empleado. Por consiguiente los pasos del procedimiento para calcular la vida útil de un cierto componente bajo fatiga pueden ser los siguientes:

Teniendo en cuenta el método de ensayo no destructivo utilizado, se determinará el tamaño inicial de la fisura a_i.

En base al valor del K_{IC} del material y de la tensión nominal de diseño, se calculará el tamaño crítico de la fisura a_c.

Es necesario disponer de la ecuación de Paris para el material en cuestión.

Debe determinarse ΔK aplicando la correspondiente expresión para K, reemplazando el tamaño de la fisura, y la amplitud del ciclo de carga.

Se aplica la ecuación (**3.4**). Esta etapa debe hacerse por incrementos sucesivos de la longitud de la fisura, dado que ΔK se va incrementando a medida que la longitud de la fisura crece. Luego se procede a sumar los ciclos obtenidos en cada paso de cálculo, obteniéndose como resultado final, la vida del componente analizado.

3.5 EFECTOS DE SOBRECARGAS Y ESPECTROS DE CARGA

Lo tratado hasta aquí está referido a casos en que no hay variaciones bruscas de amplitudes de carga, es decir, de ΔK. El siguiente problema a ser tratado es cómo caracterizar la velocidad de crecimiento de fisuras en situaciones en que ΔK varía rápidamente, ya que este caso es frecuentemente encontrado en la práctica. Aunque las cargas en servicio pueden ser registradas en medios magnéticos (analógica o digitalmente) por medio de *strain gauges*, celdas de carga o acelerómetros fijados al componente de interés, y reproducidas en laboratorio en máquinas servo hidráulicas, es importante poder predecir, a partir de datos simples, la vida total bajo un sistema complejo de cargas.

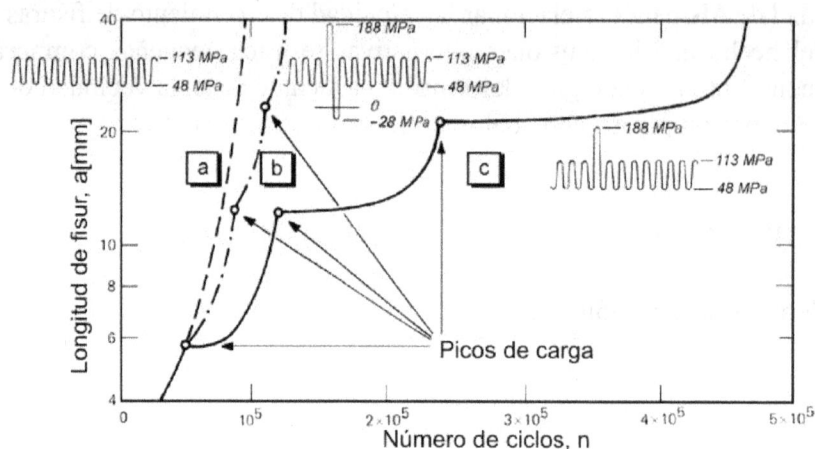

Figura 3.14. Efectos de sobrecargas en la velocidad de crecimiento
de fisuras.

La vida total en fatiga clásica ha sido tradicionalmente predicha por aplicación de la ley de daño acumulado propuesta por Miner. Ella establece, aplicando el principio de superposición, que la falla ocurre cuando la suma del número de ciclo, n^i, a cada tensión aplicada, expresada como una fracción del número de ciclos a la falla para ese nivel de tensiones, n_f^i, es igual a la unidad.

$$\sum \frac{n^i}{n_f^i} = 1 \tag{3.5}$$

En algunas versiones, en lugar de la unidad se emplea una constante algo menor.

E n crecimiento de fisuras por fatiga, cuando se aplica una sobrecarga a una serie de ciclos de amplitud constante, disminuye la velocidad de propagación durante los ciclos subsecuentes (Figura 3.13). Este comportamiento puede deberse a varios factores, tales como redondeamiento de la punta de la fisura durante la sobrecarga, la producción de tensiones de compresión altas luego de la sobrecarga, la destrucción de "estado estacionario" de la subestructura de dislocaciones, o por el mecanismo de cierre de fisura (*crack closure*).

El hecho es que la predicción, a partir de ensayos de amplitud constante, del crecimiento de fisuras por fatiga que están sujetas a cargas variables o aleatorias difiere mucho de lo que ocurre en la realidad. Tampoco parece aplicable un análisis análogo a la ley de daño acumulado de Miner, ya que el principio de superposición no es aplicable en este caso como consecuencia de la ocurrencia de los retardos posteriores a las sobrecargas.

3.6 CIERRE DE FISURA (*CRACK CLOSURE*)

Las superficies de una fisura crecida por fatiga no son perfectamente planas, sino que muestran evidencia de apertura plástica y el consiguiente proceso de separación en la punta. Además, el material adyacente a las superficies retiene deformación plástica residual de cuando formaba parte de la zona plástica de la punta de la grieta. Entonces, cuando se retiran las cargas, las superficies de la fisura no se reacomodan perfectamente entre ellas, de tal manera que se desarrollan tensiones residuales y se produce contacto entre sus caras antes de que se llegue a la carga mínima. Hay evidencia experimental de este fenómeno que se ha denominado "cierre de fisura".

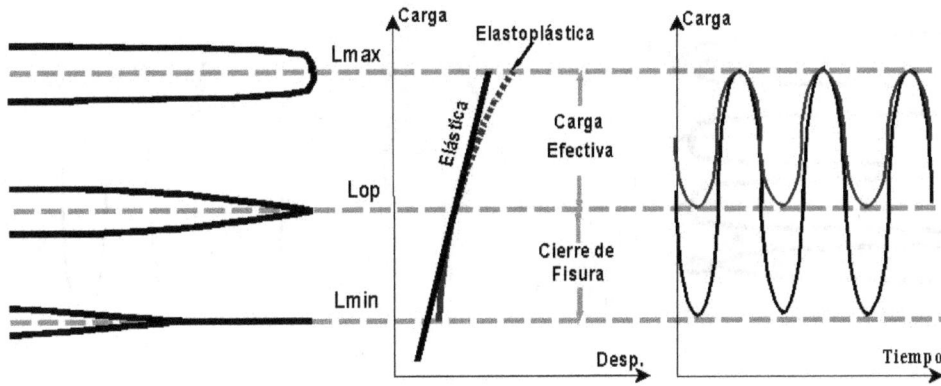

Figura 3.15. Modelo *crack closure.*

La Figura 3.15 muestra un modelo de los sucesivos perfiles de grieta en un cuerpo que está siendo sujeto a un estado estacionario de cargas cíclicas de $\mathbf{P_{mín}}$ a $\mathbf{P_{máx}}$. La fisura está cerrada cerca de su punta hasta que se alcanza la carga de apertura $\mathbf{P_{op}}$. Entonces Elber [3.06] sugirió que la punta de la fisura solamente "ve" una variación del factor de intensidad de tensiones correspondiente a la variación de carga entre el máximo y el de apertura, por lo que propuso un factor de intensidad de tensiones efectivo:

$$\Delta K_{eff} = K_{máx} - K_{op} \tag{3.6}$$

Entonces la velocidad de crecimiento estaría entonces dada por

$$\frac{da}{dn} = f(\Delta K_{eff}) \tag{3.7}$$

El concepto de cierre de fisura permite una predicción racional del crecimiento de grietas por fatiga que incluye efectos de la relación de cargas, de cargas cercanas al umbral de fatiga, de picos de sobrecarga con su consecuente retardo en el crecimiento y, más generalmente, de historias carga-tiempo arbitrarias.

3.7 INTERPRETACIÓN DEL RETARDO POR SOBRECARGA

Luego de una sobrecarga se producen mayores deformaciones plásticas en la punta de la fisura y también un crecimiento superior al que ocurría con los ciclos de carga normales, por lo que la carga de apertura, $\mathbf{L_{op}}$, debe verse alterada luego de la misma. Este efecto es mostrado en la Figura 3.16[3.07]. El punto (a) de la misma indica la configuración de grieta al valor mínimo de carga de ciclado, luego del crecimiento debido a una sobrecarga. Las superficies de la fisura están cerradas tanto en la punta como en lugares alejados de la sobrecarga. A medida que se incrementa la carga de $\mathbf{L_{mín}}$ a $\mathbf{L_{máx}}$, puntos (a) a (e), la fisura muestra una apertura progresiva. Hay un momento en la apertura para el cual las superficies están abiertas hasta el punto donde se hallaba la punta de la fisura al momento de la sobrecarga, pero cerradas por delante de él, punto (c). La grieta no termina de abrirse completamente hasta que se alcanza una carga considerablemente mayor, $\mathbf{L_{op}}$, punto (d) de la curva carga *vs.* desplazamiento. Como puede notarse claramente en la Figura, la punta de la fisura "ve" una carga efectiva notablemente menor no sólo respecto de la variación de carga externa, sino también respecto de la efectiva antes de la sobrecarga.

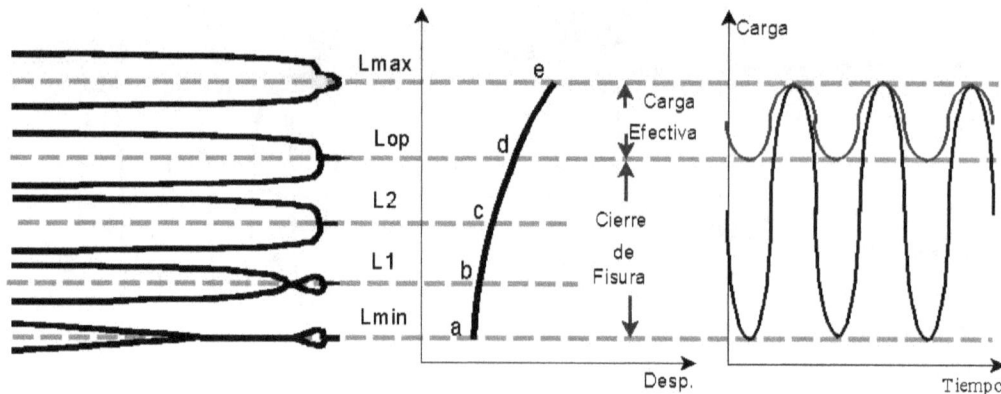

Figura 3.16. *Crack closure* aplicado a una sobrecarga.

Cuando se calcula ΔK_{eff} basado en $L_{máx} - L_{op}$, las velocidades de crecimiento predichas para el período de retardo son consistentes con las determinadas experimentalmente.

3.8 FISURAS "CORTAS"

Es de vital importancia definir las diferencias entre períodos de crecimiento de microfisura (fisura corta) y macrofisura (fisura larga). Esta división puede ser establecida de varias formas, aunque una definición razonable es que la macrofisura tiene dimensiones suficientes como para que su crecimiento dependa de las propiedades globales del material, en lugar de las locales.[3.08]

Originariamente se consideraba que el límite de fatiga, σ_l o σ_e, representaba la incapacidad de un material de iniciar una fisura a los niveles de tensiones aplicados. Pero esta idea entró en contradicción con la observación de fisuras desarrolladas a niveles de tensiones bien por debajo de este límite. Actualmente se acepta que estas fisuras, llamadas no propagantes (*non-propagating*), se forman en una etapa primaria, crecen por un período corto y entonces se detienen.[3.09] En virtud de ello, el límite de fatiga debería referirse a la variación de tensiones requerida para que una microfisura supere la barrera que le impide crecer.

Durante los primeros ciclos de carga variable, considerado como período de iniciación, se puede desarrollar alguna fisura; pero dependiendo de la magnitud de la carga, ella puede quedar quieta durante un tiempo y eventualmente crecer hasta convertirse en una macrofisura. Entonces, para avanzar, la fisura corta debe superar alguna barrera que le impide crecer de acuerdo a como lo hacen las fisuras macroscópicas. El borde de grano es una de estas barreras: una microfisura puede ser retardada o inclusive frenada en un borde de grano. Esto ayuda a explicar por qué la presencia de granos pequeños en la superficie puede llevar a un mayor límite de fatiga.

Kitagawa y Takahashi[3.10] propusieron una interpretación de la relación entre el límite de la fatiga clásica, σ_l o σ_e, y el umbral de crecimiento de macrofisuras, K_{Ith}, definiendo una longitud, l_0, debajo de la cual el crecimiento estaría controlado por un valor de tensión independiente del tamaño de la microfisura (fatiga clásica). Para valores de fisura mayores a l_0, la ocurrencia o no de crecimiento dependería de una combinación entre tensiones y tamaño de fisura (crecimiento de fisuras por fatiga). Por supuesto este cambio entre comportamiento de micro a macro fisura no sería abrupto y existiría una región de transición. La Figura 3.17 muestra gráficamente esta transición en el comportamiento.

La Figura 3.18 muestra esta conducta, pero expresado en términos de variación de factor de intensidad de tensiones y velocidad de crecimiento de fisura, es decir, haciendo el análisis en

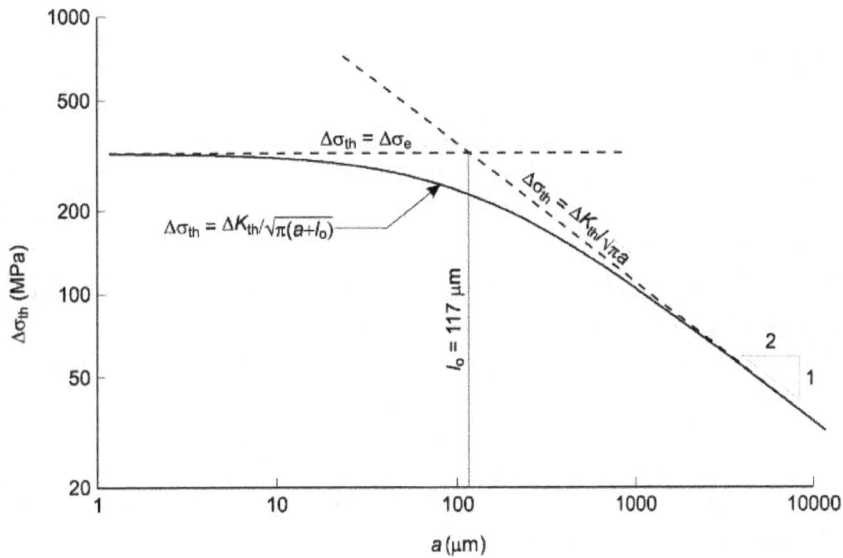

Figura 3.18. Comportamiento de fisuras cortas.

un diagrama como el propuesto por Paris. En él se puede observar que para valores ΔK_I bajos, donde las fisuras largas no crecen como consecuencia de tener un $\Delta K_I < \Delta K_{Ith}$, las fisuras cortas crecen, e incluso pueden crecer más rápido con ΔK_I menores.

Cotejando con lo mostrado en la Figura 3.18, podemos observar que el modelo de Kitagawa y Takahashi establece que, para fisuras cortas, habrá crecimiento de fisuras cuando se supere la tensión límite de fatiga, aunque la combinación de esta tensión y la longitud de la fisura dé un valor de la variación del factor de intensidad de tensiones menor que el umbral que presentan las macrofisuras.

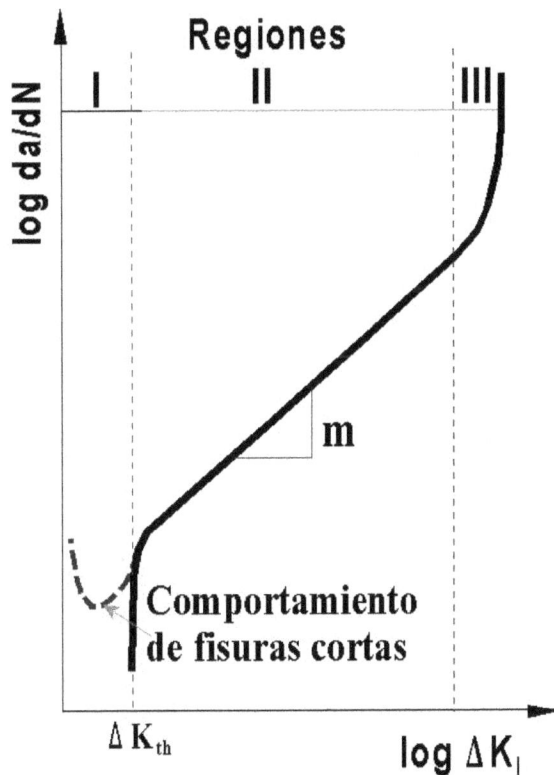

Figura 3.17. Velocidad de crecimiento de fisuras
cortas.

REFERENCIAS

3 .01   Sciammarella C., *Introducción a la Mecánica de la Fractura*. Asoc. de Ingenieros Estructurales, Buenos Aires, pp 139- 153 (1982).

3 .02   Neumann P., "Fatigue", Chapter 24 *Physical Metalurgy* 3ra. Ed., Cahn and Haasen Eds. Elsiever Science Publishers (1983).

3 .03   Cettin P.R., Pereira da Silva P.S., *Análise de Fraturas*. Associacão Brasileira de Metais, São Paulo, Brasil, pp 133- 179 (1974).

3 .04   Paris P. C., Gomez M. P., Anderson W. E., "A Rational Analytic Theory of Fatigue". *The Trend in Engineering*. University of Washington (1961).

3 .05   Paris P. C., *Trans. ASME, J. Basic Engineering*, **85**:528 (1960).

3 .06   Elber W., "The Significance of Fatigue Crack Closure". *ASTM STP 486*:230 (1971).

3 .07   Budianky B., Drucker D. C., Hutchinson J.W. and Rice J.R., "Report of a Meeting on Fatigue Crack Crowth", *ARPA Materials Research Council* (1976).

3 .08   Janssen M., Zuidema J., Wanhill R. J. H., *Fracture Mechanics*. Cap. 9: *Fatigue Crack Growth*. Delft University Press Ed. (2002), Holanda.

3 .09   Miller K. J., "Metal Fatigue - Past, Current and Future". *Proc. Instn. Mech. Engnrs*, Vol 205. Mech. Eng. Pub., England.(1991).

3 .10   Kitagawa H., Takahashi S., "Application of Fracture Mechanics to Very Small Cracks". *Proc. Int. Conf. Mech. Behaviour of Materials (ICM2)*, pp 627-637 (1976).

Capítulo 4

Fractura por influencia del medio

4.1 INTRODUCCIÓN

Fractura bajo carga mantenida (*sustained load fracture*) es una expresión general para el crecimiento de fisura dependiente del tiempo, a menudo bajo cargas muy por debajo de la necesaria para causar la falla en ensayos de tracción o fractura. Bajo esta denominación se involucran fundamentalmente los fenómenos de corrosión bajo tensión, fragilización por metal líquido, fisuración por hidrógeno, *creep* y crecimiento de fisuras por creep.[4.01]

El crecimiento de fisuras por *creep* es un problema muy importante, especialmente en la industria de generación de energía y en las turbinas de gas. Su análisis se realiza en el capítulo 9 e involucra también metodologías elastoplásticas.

Los otros tipos de fractura bajo carga mantenida siguen tendencias similares y se puede discutir la aplicación de mecánica de fractura a ellos de una manera general. Como en el caso del crecimiento de fisuras por fatiga, el uso de mecánica de fractura está principalmente limitado a comportamiento lineal elástico, con aplicación del parámetro K.

Debido a estas interacciones entre el material y el medio, se puede producir crecimiento subcrítico de fisuras aun a valores muy bajos del factor de intensidad de tensiones. Además, las superficies de fractura pueden mostrar marcadas diferencias ante la presencia o no de interacción con el medio. La Figura 4.1 muestra cómo la conjunción entre ambiente corrosivo y tensiones lleva a un proceso localizado de corrosión bajo tensión, que puede aumentar la velocidad de propagación de la fisura de unos pocos milímetros por año a varios milímetros por hora.[4.02]

Estos procesos tienen un gran número de características comunes que pueden ser resumidas en las siguientes generalizaciones:

1) Pueden producir fracturas macroscópicas frágiles, inclusive en aleaciones que muestran alta capacidad de deformación plástica.

2) Involucran deformación plástica localizada.

3) Se pueden dar bajo tensiones bastante inferiores a las necesarias para fluencia generalizada.

4) Se producen únicamente bajo tensiones de tracción.

5) Las fracturas ocurren en un plano perpendicular a la tensión principal de tracción (MODO I). No se producen labios de corte (*shear lips*) durante el crecimiento, aunque pueden observarse en la zona de fractura inestable final.

6) La susceptibilidad varía bastante en una misma familia de aleaciones y medio ambiente.

7) Los medios que causan los peores problemas de fisuración son específicos para cada tipo de aleación. Ello significa que generalmente apenas algunas especies químicas causan fisuración seria en una determinada aleación.

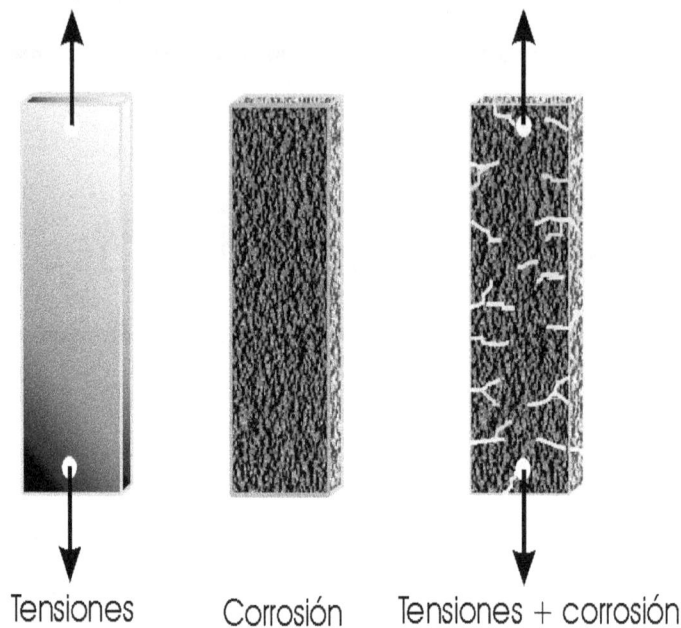

Tensiones   Corrosión   Tensiones + corrosión

Figura 4.1. Acción conjunta de tensiones y corrosión.

8) La especie química esencial que causa fisuración no precisa estar presente en el medio en gran cantidad o elevada concentración.
9) Una combinación aleación-medio que provoca los problemas de fisuración más serios es la correspondiente a aquella en que el medio es casi, pero no totalmente, inerte.
10) Las fisuras pueden ser simples o ramificadas.
11) Las fisuras pueden ser tanto intergranulares como transgranulares, dependiendo de pequeñas alteraciones en la aleación o el medio.
12) La corrosión bajo tensión solamente ocurre cuando ciertas condiciones electroquímicas son satisfechas. [4.03]

Corrosión bajo tensión involucra las disciplinas de metalurgia, mecánica y química, no es sorprendente que cualquier teoría sea difícil de ser formulada, aun en términos cualitativos. Habiendo 12 puntos en común, se podría pensar que debe existir una gran semejanza en todos los procesos de corrosión bajo tensión, sin embargo ninguna teoría enunciada es totalmente satisfactoria ya que no permiten predecir el comportamiento de nuevos casos. Una de las principales dificultades en el desarrollo de las teorías es la ignorancia de lo que pasa en la punta de la fisura a un nivel atómico. Este desconocimiento es referido tanto al metal como a la solución.[4.02]

En estos casos el usual balance energético de Griffith-Irwin debe ser modificado para tener en cuenta la energía química liberada. Entonces: [4.04]

Cambio en energía superficial	+	**Trabajo plástico realizado**	=	**Cambio en la energía almacenada**	+	**Liberación de energía electroquímica**

Como consecuencia de esto, se producirá corrosión bajo tensión si existe un mecanismo para concentrar la energía electroquímica liberada en la punta de la fisura, o si el medio ambiente sirve para reducir la resistencia al crecimiento de fisuras del material.

Algunas teorías explican que la fisuración por corrosión bajo tensión ocurre como el resultado de disolución anódica en el frente de la fisura. Otras asumen que el hidrógeno es de fundamental importancia en el proceso. En general todas las teorías son exclusivas, no permiten la existencia simultánea de varios mecanismos en el proceso. Sin embargo la experiencia ha mostrado que pequeñas modificaciones en las condiciones de ensayo llevan a importantes cambios tanto en la morfología de las grietas, como de su velocidad de propagación, soportando el hecho de que el proceso involucraría varios pasos con reacciones electroquímicas heterogéneas.[4.02]

Los métodos experimentales para describir el crecimiento de fisuras por influencia del medio están basados en los ensayos de tenacidad a la fractura, incluyendo probetas normalizadas. Pueden ser clasificados en dos categorías:

1) Ensayos de tiempo a la fractura (*time-to-failure*) de probetas prefisuradas.

2) Ensayos de velocidad de crecimiento de fisuras.

4.2 ENSAYOS DE TIEMPO A LA FRACTURA (TTF)

Durante mucho tiempo el estudio de fractura por influencia del medio, especialmente corrosión bajo tensión, fue realizado ensayando probetas no entalladas y determinando el tiempo a la fractura. Aunque siguen siendo útiles, ahora se reconoce que los ensayos basados en mecánica de fractura proveen una información suplementaria esencial.

Los ensayos de probetas prefisuradas se configuran de manera tal que un esquema de carga constante resulta en un factor de intensidad de tensiones que aumenta al crecer la fisura. Entonces las probetas se cargan con diferentes valores de carga, y por lo tanto con distintos K_I al inicio de los ensayos. La figura 4.2 muestra un ejemplo de resultados obtenidos. Dos magnitudes pueden ser obtenidas $K_{Imáx}$ y K_{Ith}. $K_{Imáx}$ representa el máximo valor de K que puede soportar el material y se corresponde con K_{IC} o K_Q. En cambio K_{Ith} es el umbral de factor de intensidad de tensiones, normalmente conocido como K_{Iscc}. La figura 4.3 muestra esquemáticamente las variaciones de los tiempos de incubación y de fractura en función del factor de intensidad de tensiones inicial, donde se puede apreciar que el tiempo de incubación para el crecimiento de la fisura se incrementa al disminuir el K_I inicial.

Las probetas normalmente empleadas para ensayos TTF son a carga constante y producen un factor de intensidad de tensiones que se incrementa la crecer la fisura. Un modelo popular es

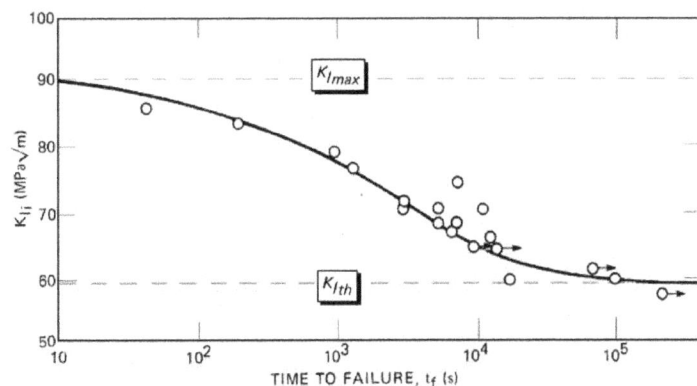

Figura 4.2. Diagrama de tiempo a la falla.

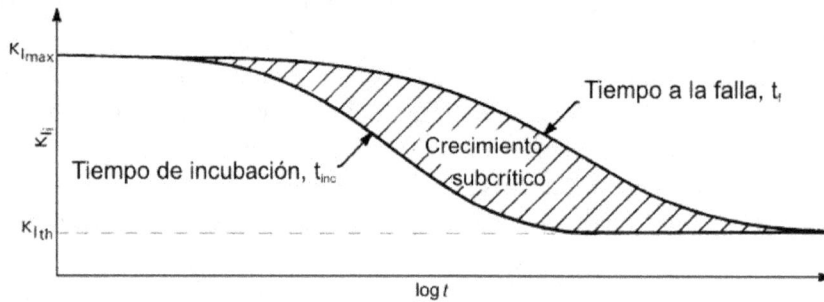

Figura 4.3. Tiempo de incubación y de falla.

la viga en voladizo de la figura 4.4. Normalmente tienen entallas laterales para prevenir el crecimiento fuera de plano.[4.01]

4.3 ENSAYOS DE VELOCIDAD DE CRECIMIENTO DE FISURAS

La Figura 4.2 muestra la relación entre el factor de intensidad de tensiones y la velocidad de crecimiento de la fisura por corrosión bajo tensión para un acero de alta resistencia en agua destilada, y que es típica de la tendencia observada en diferentes sistemas y para una variedad de condiciones de carga, tensiones de sección neta, formas de probeta y longitudes de grieta [4.04]. Las curvas están caracterizadas por una región fuertemente dependiente de la velocidad de crecimiento de fisura (región I), seguida de un *plateau* (región II) en el cual la velocidad es independiente del valor de K_I, y una región III en la cual la velocidad de grieta es nuevamente

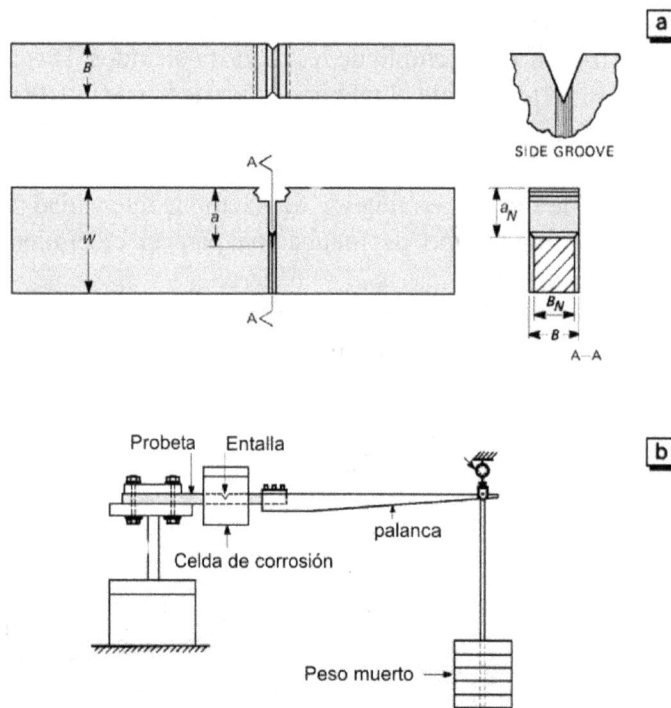

Figura 4.4. Probeta en voladizo y dispositivo para su ensayo.

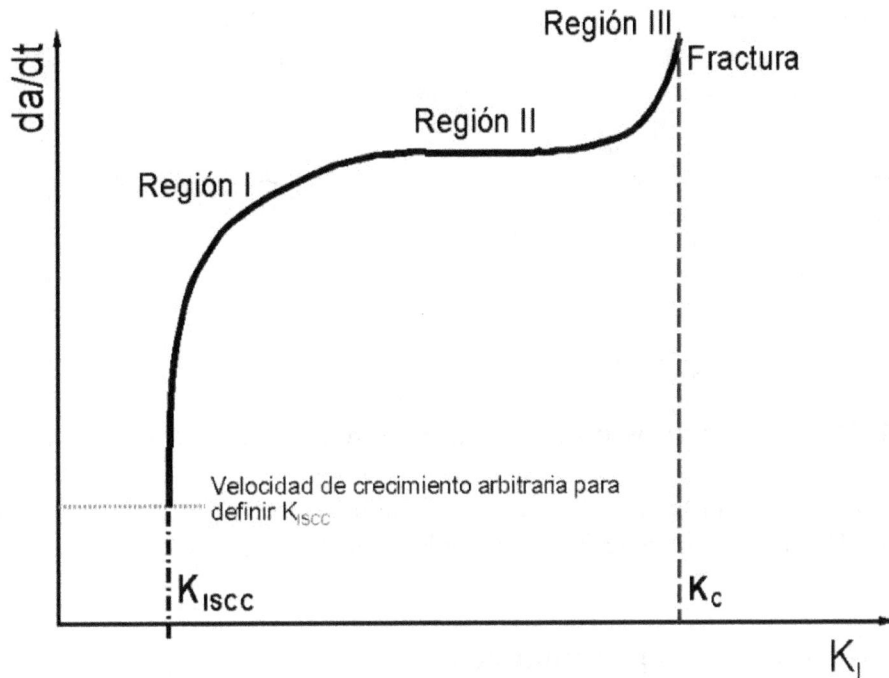

Figura 4.5. Velocidad de crecimiento de fisura en función de $\mathbf{K_I}$.

dependiente de las tensiones. En determinadas situaciones se suelen observar curvas más complicadas, que muestran una transición gradual de la región I a la II, o dos *plateaus* con velocidades de grieta difiriendo por órdenes de magnitud. Todavía no hay explicaciones cuantitativas de las tres regiones, aunque parece que la región II está bajo control electroquímico y la región III representa una transición hacia la fractura frágil por $\mathbf{K_{IC}}$. La región I relata al umbral de intensidad de tensiones $\mathbf{K_{ISCC}}$ y define el tamaño crítico de defecto por debajo del cual no ocurrirá crecimiento de grieta significativo.

Muchos tipos de probetas han sido usados; la mayoría corresponde a situaciones de K incrementándose con el crecimiento de fisura (carga constante) o K disminuyendo con el crecimiento (desplazamiento constante).

Los ensayos a desplazamiento constante presentan las siguientes ventajas:

• No siempre es necesario prefisurar las probetas.

• Con una sola probeta se puede obtener prácticamente toda la curva de velocidad de crecimiento de fisura.

• Son autocargadas y por lo tanto no requieren de aparatos o sistemas extra, pudiendo colocarse en el exterior, o en baños de volúmenes reducidos.

• Se alcanzan fácilmente condiciones de crecimiento en estado estacionario y los valores obtenidos de $\mathbf{K_{ISCC}}$ son representativos.

Entre sus desventajas podemos mencionar la ocurrencia de acuñamiento (*wedging*) para algunas combinaciones de material-medio ambiente, que pueden llevar a una mayor velocidad de crecimiento de fisura.

Las Figuras 4.6 y 4.7 muestran dos geometrías de probetas muy utilizadas, la viga en doble voladizo (DCB) y la cargada por cuña modificada (CLWL).

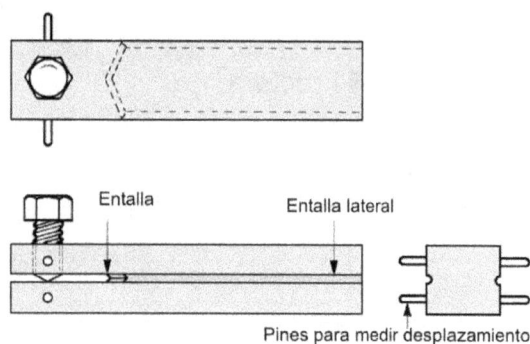

Figura 4.6. Probeta DCB.   Figura 4.7. Probeta CLWL modificada

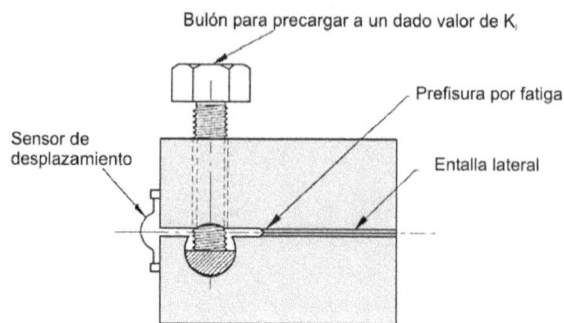

4.3.1 Probetas con K incrementándose o disminuyendo

La Figura 4.8 muestra la diferencia de comportamiento entre probetas a carga constante (incremento de **K** con la longitud de fisura) y desplazamiento constante (disminución de **K**).

4.3.2 Problemas experimentales

Se suelen presentar una variedad importante de dificultades experimentales asociados a esos ensayos, entre ellas:

- El tiempo de incubación, t_{inc},
- Crecimiento de fisura transitoria,
- Efecto de la morfología de la prefisura,.
- Frente de fisura curvo,
- Acuñamiento por productos de corrosión.

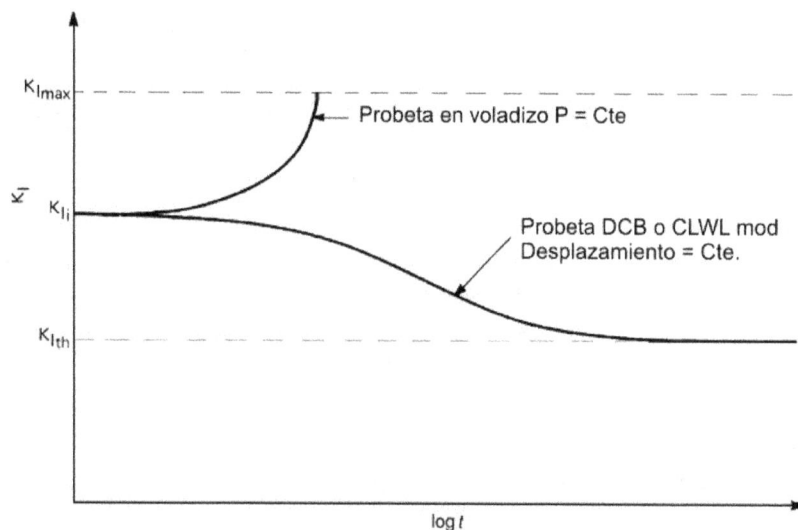

Figura 4.8. Diferencias entre ensayos a carga y desplazamiento constantes.

4.4 MORFOLOGÍA DE LAS FISURAS

Las grietas de corrosión bajo tensión raramente adoptan morfologías simples, rectas y agudas; frecuentemente muestran evidencia de redondeo o ramificación. El redondeo o la terminación de la fisura en un hoyo de diámetro apreciablemente mayor que el ancho de la punta de la grieta parece ser debido a un cambio en las condiciones electroquímicas dentro de la fisura. En cambio la ramificación parece ser un fenómeno más predecible por el hecho de que ocurriría a valores específicos del factor de intensidad de tensiones.

Las micro ramificaciones, grietas cortas arrestadas que se desvían de la principal, concurren a un valor mínimo del factor de intensidad de tensiones de $1.4\,K_{ISCC}$. La macro ramificación, que involucra la bifurcación de una fisura original, solamente ocurre en la región II de la curva de la Figura 4.2 .

REFERENCIAS

4.01 Janssen M., Zuidema J., Wanhill R. J. H., *Fracture Mechanics*. Delft University Press, Delft (2002).

4.02 Galvele J.R., "Review of Stress Corrosion Cracking". *Boletin de la Academia Nacional de Ciencias*, **54**:79-96 (1980).

4.03 Cetlin P.R., Pereira da Silva P.S., *Análise de Fraturas*. Associação Brasileira de Metais, São Paulo, Brasil, pp 210-203 (1981).

4.04 Parkins R.N., "Enviromental Effects in Crack Growth". *A General Introduction to Fracture Mechanics*, The Institution of Mechanical Engineers, London, England (1978).

Capítulo 5

Mecánica de fractura elastoplástica - Criterio CTOD

5.1 INTRODUCCIÓN

La mecánica de fractura elastoplástica busca una relación entre tensión aplicada, tamaño de fisura y tenacidad del material, que sea independiente de la geometría de un componente, para situaciones donde la fractura ocurre después de una deformación plástica significativa.

El proceso de fractura dúctil ocurre por la iniciación y crecimiento estable de una grieta. La Figura 5.1 ilustra esto como un proceso que puede ser dividido en varios pasos:

- ◆ La fisura aguda va adquiriendo una forma roma con las primeras cargas (*Blunting*).
- ◆ De la punta roma de la grieta se desarrolla una nueva fisura aguda.
- ◆ Esta fisura crece en forma estable.
- ◆ La grieta crece en forma inestable.

Este proceso puede ser representado mejor por una curva de resistencia al crecimiento de fisura, **curva R**, que representa la tenacidad como función del crecimiento dúctil de grieta (Figura 5.2).

En un ensayo de tenacidad elastoplástica generalmente se carga una probeta más allá de la ocurrencia de crecimiento estable de fisura. Usualmente se miden dos magnitudes (carga y algún desplazamiento), Figura 5.3a, para determinar la tenacidad (**CTOD** ó **J**). También se debe obtener el crecimiento estable de la fisura (Δa), para así construir la **curva R** (Figura 5.3b).

Según sea la tenacidad del material, la fractura inestable puede ocurrir en cualquier punto del registro carga-desplazamiento (Figura 5.4), o se puede superar ampliamente la carga máxima con un mecanismo de crecimiento dúctil.

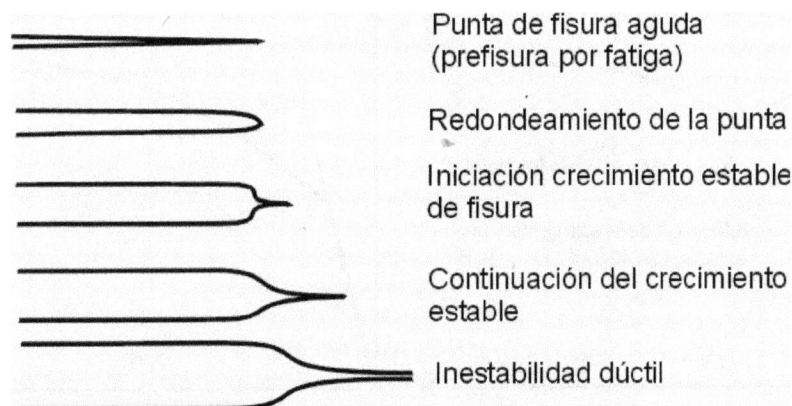

Punta de fisura aguda (prefisura por fatiga)

Redondeamiento de la punta

Iniciación crecimiento estable de fisura

Continuación del crecimiento estable

Inestabilidad dúctil

Figura 5.1. Procesos de redondeamiento y crecimiento de fisura.

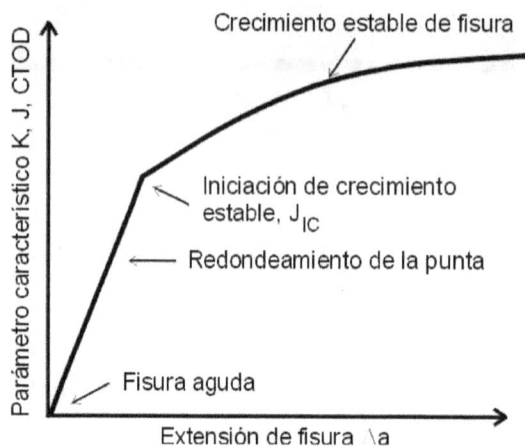

Figura 5.2. Curva de resistencia al crecimiento de fisura.

Siguiendo la Figura 5.4, si la fractura ocurre con un registro como el 1, estamos en el ámbito de aplicabilidad de la mecánica de fractura lineal elástica, teniendo plena validez el criterio K_{IC}.

Si es como el 2, ya no es posible aplicar el criterio K_{IC} por cuanto se ha superado el estado de deformación plástica en pequeña escala, aunque aún no haya comenzado el crecimiento estable de fisura. Se debe aplicar un criterio elastoplástico. En el registro 3, además de considerable deformación plástica, se desarrolló crecimiento estable antes de la fractura. No se pueden diferenciar directamente del registro carga-desplazamiento las fracturas del tipo 2 ó 3. En comportamientos como el 4, donde se da un *plateau* de carga máxima, la fisura se puede inestabilizar solamente por un mecanismo de desgarramiento dúctil.

Basados fundamentalmente en dos parámetros, **CTOD** y **J**, se consideran diferentes criterios para evaluar la tenacidad de materiales con comportamiento elastoplástico.

a) Valores críticos: δ_C, J_C

Son los correspondientes a fractura frágil después de deformación plástica suficiente como para invalidar K_{IC}. No se tiene en cuenta si hubo o no crecimiento estable de fisura antes de la fractura. Fueron los primeros en emplearse, principalmente δ_C.

Actualmente son muy utilizados para evaluar tenacidad en soldadura (δ_C) y en la región de transición dúctil-frágil. En este último caso, y en la zona afectada por el calor, los resultados presentan una importantísima dispersión que ha llevado a algunos investigadores a proponer un análisis estadístico de los resultados de los ensayos.[5.01, 5.02]

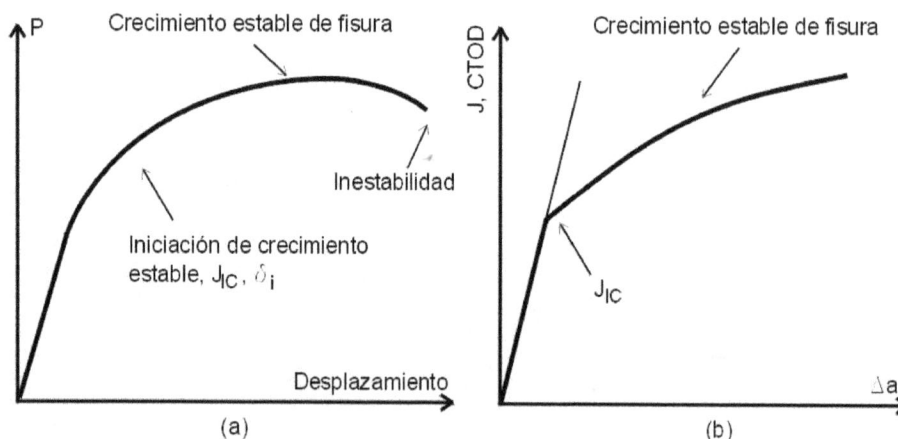

Figura 5.3. Relaciones entre el registro P vs. V y la Curva R.

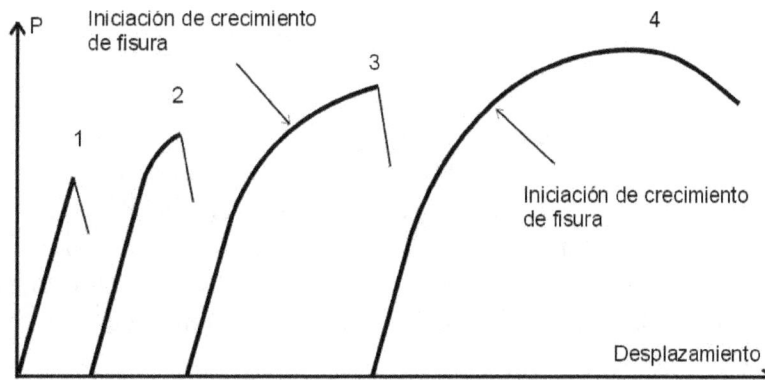

Figura 5.4: Respuestas carga-desplazamiento con diferentes
cantidades de deformación plástica.

b) Valores de carga máxima: δ_m

Se los suele usar cuando se supera la carga máxima sin que se produzca fractura. Son fáciles de obtener, aunque no serían independientes de la geometría [5.03]. Juntamente con δ_C, son muy adecuados para evaluar comparativamente la tenacidad de juntas soldadas, y para estudiar el significado de defectos existentes en estructuras. Son considerados valores conservativos respecto de δ_C, es decir que el valor de la tenacidad a carga máxima es inferior a la correspondiente a fractura.

c) Valores de iniciación: δ_i, J_{IC}

Son los correspondientes al comienzo de crecimiento estable. Son independientes de la geometría y característicos del material, pero se los considera muy conservativos ya que las estructuras reales pueden admitir un cierto crecimiento estable de fisura sin comprometer su integridad.

En particular, el valor de J_{IC} es utilizado a través de la relación:

$$K_{IC} = \sqrt{J_{IC}E} \tag{5.1}$$

para calcular la tenacidad a la fractura de la mecánica de fractura lineal elástica. La razón de ello es que hay casos en que las estructuras reales tienen espesores y dimensiones suficientes como para que en una fisura se desarrolle un estado de plasticidad en pequeña escala, y por lo tanto sea aplicable la mecánica de fractura lineal elástica. Tal es el caso de grandes recipientes a presión convencionales y de reactores nucleares. Haciendo un ensayo J_{IC}, las dimensiones de las probetas pueden se aproximadamente un orden de magnitud menor que las correspondientes a K_{IC}. Está suficientemente probado que el K_{IC} calculado es levemente inferior al que se obtendría experimentalmente.

d) Curvas de resistencia con evaluación de la inestabilidad.

Son utilizadas para caracterizar la tenacidad durante el crecimiento estable de fisuras en materiales dúctiles, y están acopladas con descripciones del comportamiento de la grieta en estructuras reales a fin de predecir la inestabilidad por desgarramiento. Los parámetros más empleados son **J** vs. **Δa** fundamentalmente, y **CTOD** vs. **Δa**. La inestabilidad se evalúa a través de parámetros tales como el módulo de desgarramiento **T** (*tearing modulus*), **dJ/da** y el **CTOA** (*crack tip opening angle*). También se han introducido el **J** modificado, J_M, y el **CTOD** de Schwalbe, δ_5.

5.2 EL CRITERIO CTOD

Uno de los primeros modelos propuestos para tener en cuenta la plasticidad desarrollada en la punta de la fisura es el conocido como *strip yield model*. Fue enunciado separadamente por Dugdale [5.04] y Barenblatt [5.05], y considera una placa infinita con una grieta central de longitud **2a,** sujeta a una tensión uniforme σ aplicada remotamente. La plasticidad en la punta está representada por un incremento hipotético en la longitud de la fisura a un valor **2c**, con las caras de la "grieta" parcialmente restringidas por una tensión "**t**", actuante directamente sobre las distancias **(c-a)** (Figura 5.5). Este modelo fue interpretado en términos de fractura por Wells [5.06], quien había notado que la punta de una entalla sujeta a deformación plástica se abría con un contorno casi cuadrado, dando una apertura definida de la punta: el **COD** (*crack opening displacement*), tal como se muestra en la Figura 5.6. Él propuso que el **COD**, δ, era una medida de la deformación en la punta de la fisura, y que la fractura sobrevendría cuando fuere alcanzado un valor crítico de este parámetro: δ_C. Esta propuesta fue seguida teórica y experimentalmente por Burdekin y Stone [5.07], quienes mostraron que era ampliamente consistente con los resultados de fractura de ensayos de tracción y flexión, aunque a un nivel más detallado el acuerdo no era completo.

Contemporáneamente Bilby *et al.*[5.08] propusieron un modelo similar usando la teoría de las dislocaciones. Su modelo representaba un estado de tensiones planas y podía ser entonces más relevante para secciones delgadas.

Para secciones gruesas, el grado de restricción desarrollado en la punta de la fisura por tensiones triaxiales de tracción debería tenerse en cuenta en el modelo de Dugdale a través de una tensión $t = m\sigma_y$, con **m > 1**. De todas maneras, en las primeras aplicaciones de este modelo [5.07], **t** fue igualado a la tensión de fluencia uniaxial, σ_y, obteniéndose la siguiente relación entre el **COD**, la tensión y la longitud de fisura **a**:

$$\delta = \frac{8\sigma_y a}{E\pi} \log \sec \frac{\pi\sigma}{2\sigma_y} \tag{5.2}$$

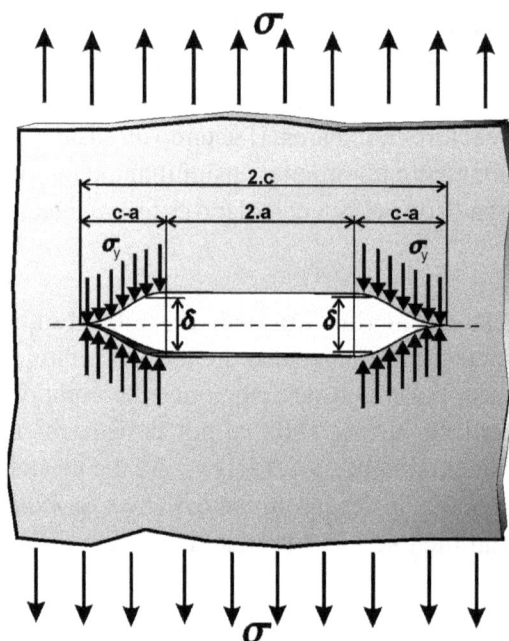

Figura 5.5. Modelo de Dugdale.

Figura 5.6. Apertura de la punta de fisura: el
CTOD.

Por expansión en serie del término *log sec*, Burdekin y Stone llegaron a:

$$\delta \;=\; \frac{\pi\,\sigma^2 a}{E\,\sigma_y}\left[1+\frac{\pi^2}{24}\left(\frac{\sigma}{\sigma_y}\right)^2+...\right] \tag{5.3}$$

En mecánica de fractura lineal elástica, para un placa infinita con fisura pasante de longitud **2a**:

$$G = \frac{K^2}{E} = \frac{\pi\sigma^2 a}{E} \tag{5.4}$$

entonces, si consideramos solamente el primer término de la expansión en serie, la ecuación (5.3) queda:

$$G = \sigma_y\,\delta \tag{5.5}$$

en cambio, si calculamos **G** con la corrección por plasticidad, considerando estado plano de tensiones y radio plástico igual a **(c-a)** (Figura 5.5):

$$r_p = \frac{1}{2\pi}\left(\frac{K}{\sigma_y}\right)^2 \tag{5.6}$$

$$G = \frac{\pi\sigma^2 a}{E}\left[1+\frac{1}{2}\left(\frac{\sigma}{\sigma_y}\right)^2\right] \tag{5.7}$$

vemos que difiere levemente con los dos primeros términos del desarrollo de la ecuación (5.3).

La relación **G** = $\sigma_y.\delta$ es consistente con el trabajo hecho para cerrar un elemento de grieta, de tal manera que este modelo parece ser una extensión lógica de la mecánica de fractura lineal elástica para estados planos de tensiones (espesores delgados).

Para estados planos de deformaciones, la relación debería ser:

$$G = m\,\sigma_y\,\delta \qquad (5.8)$$

con **m** mayor que 1, a fin de tener en cuenta la restricción a la deformación plástica debida al estado triaxial de tracción en la punta de la fisura. La evidencia experimental de valores da **m** cercanos a **2**, pero la posterior aplicación ingenieril del **COD** se basó en la propuesta original de Burdekin y Stone con **m= 1**.

Los primeros trabajos experimentales sobre **COD** postulaban que un material fracturaba cuando se alcanzaba un valor crítico, δ_C. En la zona de transición dúctil frágil fue encontrada una abundante dispersión en los valores de δ_C, atribuible en parte a la ocurrencia de crecimiento estable de fisura antes de la falla. También se emplean como parámetros de fractura el valor de iniciación de crecimiento estable, δ_i, o el correspondiente a carga máxima, δ_m. Los ensayos realizados mostraron que δ_i era más independiente de la geometría que δ_m, pero sus valores numéricos eran muy pequeños, implicando probablemente un irreal grado de conservatismo en relación con el evento final de fractura. En cambio δ_C y δ_m son más relevantes del proceso de separación final, con las limitaciones ya mencionadas.[5.09]

5.2.1 Definición física del CTOD

Si se observa detenidamente el perfil de la punta de la fisura pueden presentarse indefiniciones para establecer un desplazamiento característico que sea considerado como un **COD** *natural*, especialmente para casos de fisuras agudas (de fatiga), ocurrencia de crecimiento estable de fisura, y modelado por métodos numéricos (Figura 5.5). Entonces el **COD** es una materia de definición [5.10], que debe permitir su determinación por medio de técnicas experimentales confiables, así como relacionarlo con las tensiones o deformaciones aplicadas, es decir, debe ser capaz de ser expresado como una *driving force*.

Debido al redondeo de la punta de la fisura, con su consecuente crecimiento aparente, hay acuerdo en definir como **COD** al correspondiente a la posición original de la punta de la fisura, siendo entonces denominado *crack tip opening displacement* (**CTOD**). Esta es la denominación que se está imponiendo, y será preferida de aquí en más. También, y principalmente en soluciones numéricas, se ha usado mucho el llamado δ_{45}, definido de acuerdo con la Figura 5.7.[5.11] Para el caso de redondeo en semicírculo, ambas definiciones son equivalentes.

5.2.2 El uso del CTOD

Para permitir la aplicación del **CTOD** a un problema real fue necesario desarrollar un método de diseño completo. La *British Standards Institution* normalizó un método de ensayo

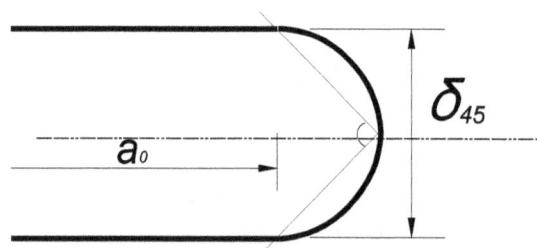

Figura 5.7. Definiciones del **CTOD**.

sobre probeta de flexión en tres puntos (SE(B)) con un severo grado de restricción. El **CTOD** se mide indirectamente por medio de un trasductor de desplazamiento (clip gauge) en la superficie de la probeta y una fórmula de calibración.[5.12] ASTM ha normalizado más recientemente este ensayo mediante un procedimiento similar que permite ensayar también probetas compactas (C(T)).[5.13]

Fue establecida una curva de diseño (Figura 5.7) [5.14, 5.15] que relaciona un **CTOD** adimensional, $\delta/(2\epsilon_y\mathbf{a})$, con la deformación aplicada, ϵ/ϵ_y, con un grado de seguridad incorporado, de tal manera que todos los datos de los ensayos caigan del lado seguro de la curva. Por supuesto, la curva será más conservativa para algunas aplicaciones que para otras, lo que es inevitable con un método de una sola curva. El tercer elemento que contribuye al uso del **CTOD** en el diseño y/o análisis de falla, es una evaluación de la significación de defectos.[5.16] En él se sugieren reglas para el tratamiento de defectos adyacentes, parcialmente pasantes a través del espesor, internos, no planos, etc., de tal manera que el defecto (o grupo) de la estructura en cuestión pueda ser representado por uno equivalente simple, para su interpretación en la curva de diseño.

Este esquema, aparentemente completo en sí mismo y que presenta una gran simplicidad en su uso, tiene limitaciones dadas por la falta de conocimiento acerca del real grado de conservatismo de la curva de diseño (2 en promedio) en cada caso particular. Además no hay claridad acerca de si la situación requerida en el ensayo normalizado es realmente la más exigente posible. Hay un fenómeno de tamaño no totalmente aclarado aún. En el capítulo correspondiente a integridad de estructuras fisuradas se hará un análisis más pormenorizado de la curva de diseño.

5.2.3 Determinación experimental del CTOD

Se hará una descripción de la norma británica BS5762:1979 [5.12] por ser una de las más ampliamente empleadas. Cuando haya diferencias apreciables con otros procedimientos, ellas serán indicadas.

El método de ensayo de **CTOD** es compatible con el de $\mathbf{K_{IC}}$, de tal manera que, si el espesor empleado es suficiente para $\mathbf{K_{IC}}$, sea éste el resultado válido del ensayo. Las probetas son del tipo de flexión en tres puntos (SE(B)) con relaciones espesor/alto **B/W = 0.5** ó **1**, debiendo estar prefisuradas por fatiga.

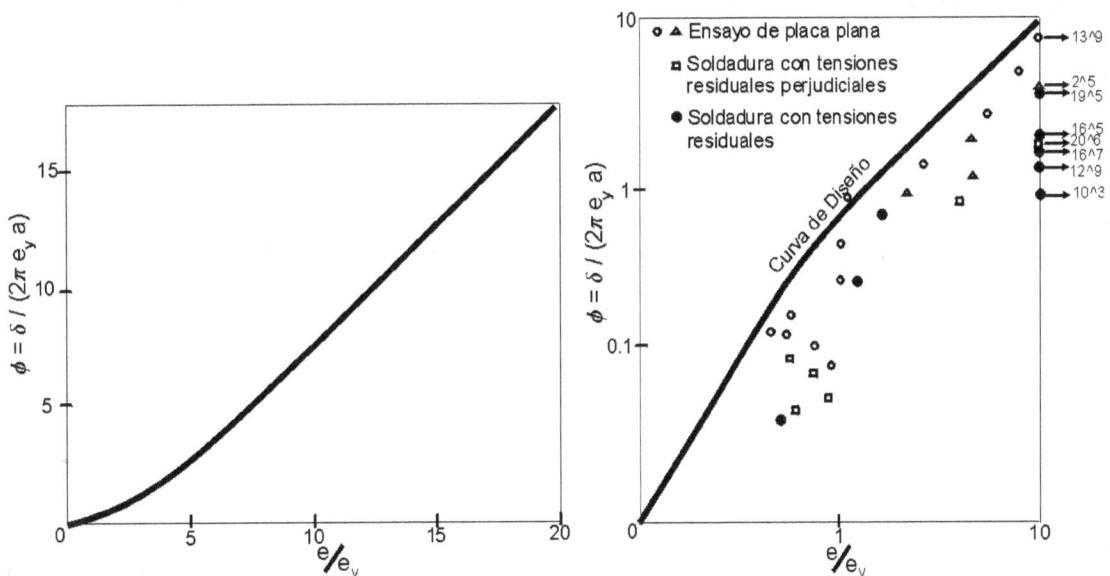

Figura 5.8. Dos versiones de la curva de diseño.

El registro de ensayo consiste en un gráfico de carga **P** versus desplazamiento de apertura de la boca de la fisura V_g, medido por medio de un clip gauge similar al empleado en ensayos K_{IC}. Este registro puede ser similar a alguno de los mostrados en la Figura 5.9, donde además están indicados tanto la carga como los desplazamientos críticos a ser empleados en los cálculos de **CTOD**.

5.2.3.1 Análisis de los resultados

El método se basa en el cálculo separado de las componentes elástica, δ_e, y plástica, δ_p.

$$\delta = \delta_e + \delta_p \tag{5.9}$$

La componente elástica está dada, en función del factor de intensidad de tensiones aplicado, a través de la relación:

$$\delta_e = \frac{K^2 \left(1 - v^2\right)}{2\,\sigma_y\,E} \tag{5.10}$$

$$K = \frac{Y\,P}{B\,\sqrt{W}} \tag{5.11}$$

Y= f(a/W): factor de forma
P: Carga del registro.

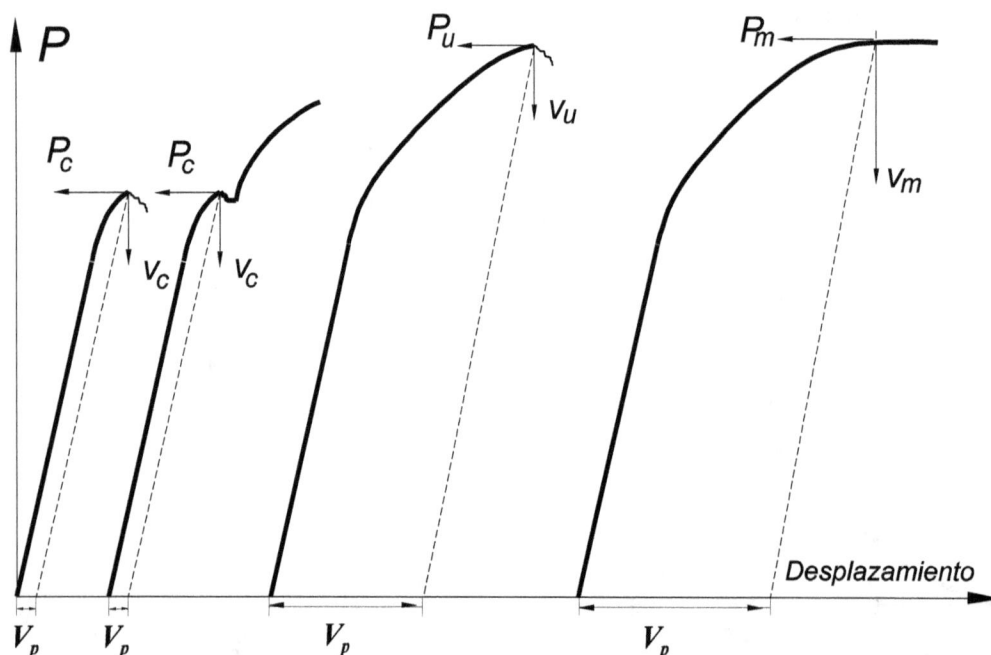

Figura 5.9. Posibles registros carga-desplazamiento en ensayos **CTOD**.

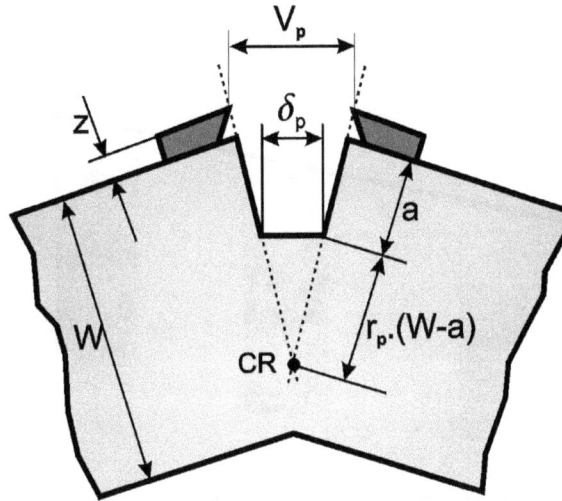

Figura 5.10. Modelo *plastic hinge*.

La componente plástica del **CTOD** se calcula por relaciones geométricas a partir de la componente plástica del desplazamiento de apertura de la boca de la fisura (V_p en la Figura 5.9). Estas relaciones están basadas en el llamado modelo *plastic hinge* que establece que, para fluencia generalizada, la probeta se deforma como dos brazos rígidos que giran alrededor de un centro aparente de rotación ubicado una distancia $r_p(W-a)$ delante de la punta de la fisura (Figura 5.10). Por relaciones geométricas simples puede obtenerse el desplazamiento en la posición de la punta de la fisura, es decir, la componente plástica del **CTOD**:

$$\delta_p = \frac{r_p\,(W-a)V_p}{r_p\,(W-a)+a+z} \tag{5.12}$$

z: altura de la cuchilla porta-clip.

La norma toma $r_p = 0.40$, aunque algunos estudios lo dan más cercano a **0.45**.

Según sea el registro, pueden determinarse diferentes tipos de **CTOD**. Están definidos cuatro:

δ_c: valor crítico producido por clivaje antes de crecimiento estable de fisura (Curvas I y II de Figura 5.9).

δ_u: valor crítico por clivaje después de iniciado el crecimiento estable (Curvas III y IV).

δ_m: **CTOD** correspondiente al comienzo del plateau de carga máxima.

δ_i: **CTOD** al comienzo del crecimiento estable de fisura.

Los tres primeros pueden calcularse en la forma ya descripta, aunque como del registro **P** vs. **V** no se puede determinar el momento de inicio del crecimiento estable, no es posible diferenciar entre δ_c y δ_u.

Para la obtención de δ_i es necesario representar la primera parte de la curva de resistencia δ vs. Δa, determinándose el **CTOD** de iniciación como la extrapolación de la misma a crecimiento nulo (Figura 5.11). La norma recomienda en el Apéndice A el empleo del método de probetas múltiples para la construcción de la curva δ-**R**, aunque referencia otros métodos de detección del crecimiento estable de fisuras. Todos ellos serán descriptos en el capítulo correspondiente a la Integral **J**.

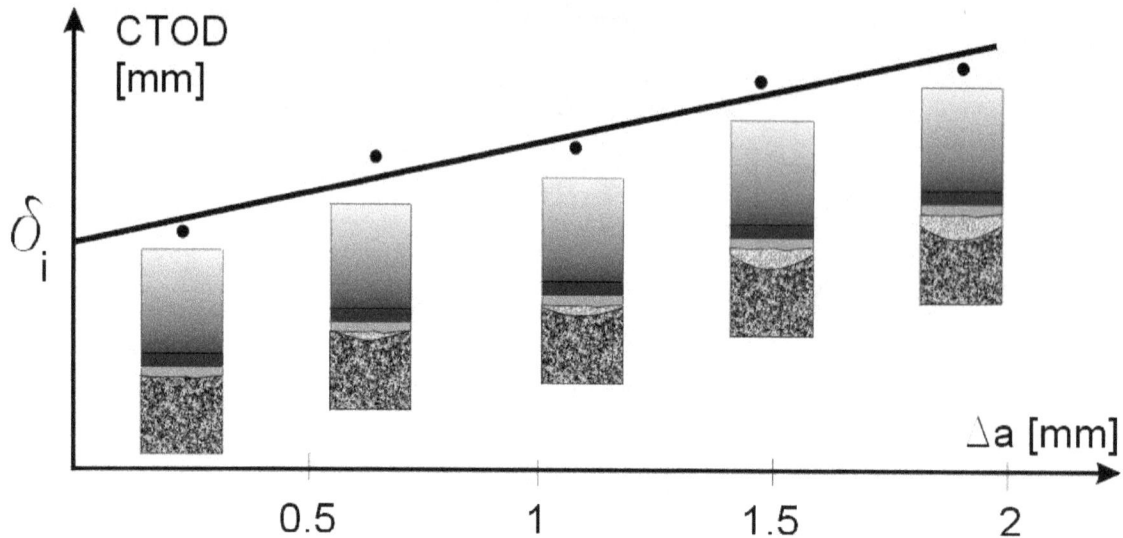

Figura 5.11. Curva de resistencia de **CTOD**.

5.3 LIMITACIONES DEL MODELO *PLASTIC HINGE*. CONSIDERACIÓN DE CRECIMIENTO ESTABLE DE FISURA

Varios investigadores han criticado el modelo *plastic hinge*, fundamentalmente en lo que respecta al valor numérico del factor $\mathbf{r_p}$, habiendo evidencia de valores más altos.[5.17, 5.19] Otros autores sugirieron que $\mathbf{r_p}$ dependería de la relación $\mathbf{a/W}$, del material (coeficiente de endurecimiento) y de la cantidad de deformación y crecimiento estable de fisura.[5.20] La norma ASTM correspondiente emplea un valor de $\mathbf{r_p}$ variable con la relación $\mathbf{a/W}$ para las probetas compactas, entre **0.46** y **0.47**. Para probetas de flexión en tres puntos, usa $\mathbf{r_p{=}0.44}$.

La fractura es precedida en muchos casos por una cantidad apreciable de crecimiento estable de fisura. Entonces debe haber una adaptación en las ecuaciones para calcular el **CTOD** a fin de tener en cuenta este fenómeno. El modelo *plastic hinge* establece que el centro aparente de rotación se encuentra a una distancia $\mathbf{r_p(W\text{-}a)}$ de la punta de la fisura, por lo que, si la fisura crece, el **CR** se desplaza en una cantidad $\mathbf{r_p\Delta a}$. El valor del **CTOD** debe ser calculado en la posición de la punta de la fisura original (Figura 5.12):

$$\delta_p = \frac{(1-r_p)\Delta a + r_p(W-a_0)}{(1-r_p)(a_0+\Delta a) + r_p W + z} \tag{5.13}$$

Esta ecuación ha sido propuesta por el Grupo Europeo de Fractura para la norma europea **EGF D2**.[5.21] Se han realizado críticas a esta ecuación porque se considera que es válida solamente para la longitud final de fisura, mientras que la ecuación tradicional (5.12) lo sería sólo para la longitud inicial. Sería más adecuado el empleo de una ecuación incremental que utilice en cada paso el valor instantáneo de la fisura. También se podría utilizar la ecuación anterior con un factor de ponderación en $\Delta\mathbf{a}$ de valor igual a **0.5**.[5.22]

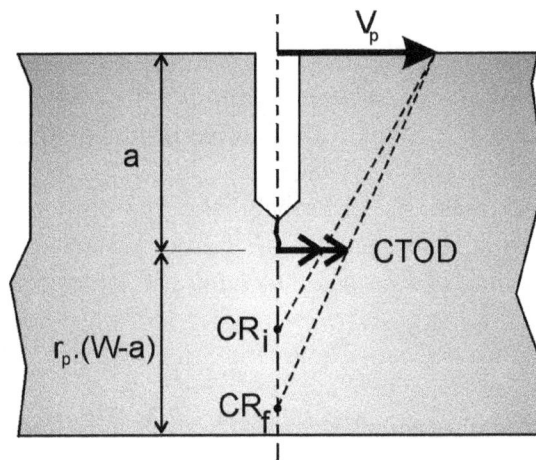

Figura 5.12. Desplazamiento del centro aparente de
rotación por crecimiento estable de fisura.

5.4 EL CTOD DE SCHWALBE, δ_5

Hellmann y Schwalbe [5.23] propusieron medir el **CTOD** en la posición original de la punta
de la fisura mediante un trasductor colocado en una de las caras de la probeta y con una base de
medición (distancias entre puntos de apoyo del *clip gauge*) de 5mm, de ahí la denominación δ_5
(Figura 5.13). Esta disposición presenta interesantes ventajas:
- Mide el **CTOD** directamente, no necesita modelos aproximados como el *plastic hinge*.
- Puede ser aplicado a cualquier geometría, incluyendo estructuras reales, es decir, no es
útil solamente para probetas de laboratorio.
- Es compatible con las otras metodologías para medir **CTOD**.
- Ha sido encontrada una excelente correlación entre el δ_5 y otros parámetros elastoplásti-
cos como J_M para grandes crecimientos estables de fisura.[5.24, 5.25]

Entre las desventajas podemos citar:
- Mide el **CTOD** en la superficie de la probeta, lo que lo hace adecuado para condiciones
de estados planos de tensiones, presentando algunas incertidumbres para condiciones de
estados planos de deformación.[5.23]
- En el momento de iniciar un ensayo se conoce solamente la posición de la punta de la
fisura en las superficies, siendo ese el lugar de posicionamiento del *clip gauge*. Pero en
el centro de la probeta la longitud de fisura es casi siempre mayor, por lo que se mediría
el δ_5 en una posición algo por detrás de la longitud de fisura promedio, introduciéndose
un error.[5.26]

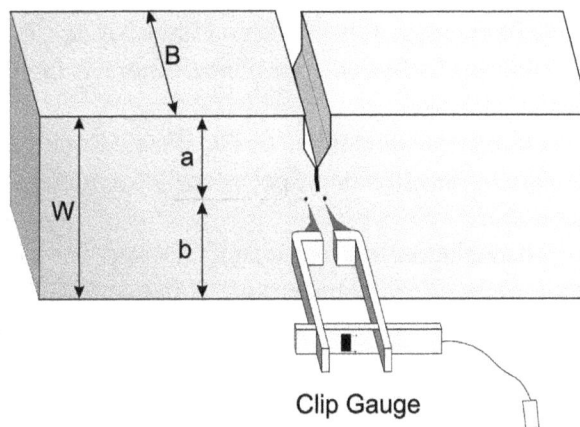

Clip Gauge

Figura 5.13. δ_5 de Schwalbe.

REFERENCIAS

5.01   Landes J. D., Schaffer D. H., "Statistical Characterization of Fracture in The Transition Region". *ASTM STP 700*:368-382 (1980).

5.02   Satoh K., Toyoda M., Minami F., "A Probabilistic Approach to Evaluation of Fracture Toughness of Welds with Heterogeneity". *IIW Doc X*-1064-84(1984).

5.03   Knott J. F., *Fundamentals of Fracture Mechanics*. Chapter 6:162-164. Butterworks, London, England (1977).

5.04   Dugdale D. S., "Yielding of Sheets Containing Slits". *J. Mech. Phys. Solids* **8**:100-104 (1960).

5.05   Barenblatt G. I., "The Mathematical Theory of Equilibrium Cracks in Brittle Fracture". *Advances in Applied Mechanics* **7**:55 (1962).

5.06   Wells A. A., "Unstable Crack Propagation in Metals: Cleavage and Fast Fracture". *Symposium on Crack Propagation*, Granfield U. K., (1):210 (1961).

5.07   Burdekin F. M., Stone D. E. W., "The Crack Opening Displacement Approach to Fracture Mechanics in Yielding Materials". *J. Strain Analysis* **1**(2):145-153 (1966).

5.08   Bilby B. A., Cottrell A. H., Swinden K. H., "The Spread of Plastic Yield from a Notch". *Proc. Royal Soc. A*, 272:304-314 (1963).

5.09   Turner C. E., "Yielding Fracture Mechanics". In *A General Introduction to Fracture Mechanics*, MEP Ltd., London:39-41 (1979).

5.10   Schwalbe K.-H., Heerens J., Hellmann D., Cornec A., "Relationships between Definitions of The Crack Tip Opening Displacement". *The Crack Tip Opening Displacement in Elastic-Plastic Fracture Mechanics*, 133-153 (1986).

5.11   Rice J. R., "A Path Independent Integral and the Approximate Analysis of Strain Concentration by Notches and Cracks". *J. Appld Mech.* **35**(E2):379-386 (1968).

5.12   BS5762:1979, "Methods for Crack Opening Displacement (**COD**) Testing". British Standard Institution (1979).

5.13   ASTM E 1290-89, "Standard Test Method for Crack-Tip Opening Displacement (CTOD) Fracture Toughness Measurements". *ASTM Annual Book*, Vol 03.01:911-926 (1992).

5.14   Dawes M. G., "Fracture Control in High Yield Strength Weldments". *Welding Journal*, **53**(9):369s-379s (1974).

5.15   Harrison J. D., Dawes M. G., Archer G. L., Kamath M. S., "The **COD** Approach and its Application to Welded Structures". *ASTM STP 668*:606-631 (1979).

5.16   BS PD 6493:1980, *Guidance on Some Methods for the Derivation of Acceptance Levels for Defects in Fussion Welded Joints*. The British Standard Institution (1980).

5.17   Shang-Xian W., "Plastic rotational Factor and J-COD Relationship for Three Point Bend Specimen". *Engng. Fracture Mech.* **18**:83-95 (1983).

5.18   Manzione P. N., Perez Ipiña J. E., "Plastic Hinge Model: A Generalization to a Two-Dimensional Situation". *Fatigue Fracture Engineering Materials & Structures* **17**(10):1147-1156 (1994).

5.19   Tang W., Shi Y. W., "An Investigation of The Plastic Rotational Factor During Loading Processes for Three-Point Bending Specimens". *Computers & Structures* **43**:709-712 (1992).

5.20   Kolednik O., "The Relationship Between COD and The Load-Line Displacement in CT-Specimens". *Proc. ECF6*, Amsterdam, Holanda:527-535 (1986).

5.21   EGF P2-90, *EGF Recommendations for Determining the Fracture Resistance of Ductile Materials*. ESIS (1990).

5.22   Perez Ipiña J. E., "**CTOD** for Slow Stable Crack Growth Conditions". *Fatigue Fracture Engineering Materials & Structures* **15**(11):1091-1100(1992).

5.23   Hellmann D., Schwalbe K.-H., "Geometry and Size Effects on J_R and δ_R - Curves under Plane Stress Conditions". *ASTM STP 833*:577-605 (1984).

5.24   Ernst H. A., "Relations Between the Crack Tip Opening Displacement, δ_S, and the Modified J, J_M". *The Crack tip Opening Displacement in Elastic-Plastic Fracture Mechanics*, 197-206 (1986).

5.25   Landes J., McCabe D. E., Ernst H. A., "Elastic-Plastic Methodology to Stablish R-Curves and Instability Criteria". *Report RP 1238-2*, Westinghouse R&D Center, Monroeville, PA (1983).

5.26   Perez Ipiña J. E., "**CTOD** with Slow Satble Crack Growth: Analysis of the Elastic Component". *Fatigue Fracture of Engineering Materials & Structures* **20**(7): 1075-1082 (1997).

Capítulo 6

Modelo elastoplástico - Criterio J

6.1 CAMPOS DE HUTCHINSON, RICE Y ROSENGREEN

El comportamiento elastoplástico en la vecindad de la punta de una fisura es descripto con muy buena aproximación por un modelo elástico no lineal, siempre que la carga sea monótona creciente y no se realicen descargas. Este modelo está dado por la siguiente relación entre tensiones y deformaciones (Figura 6.1).

$$\frac{\epsilon}{\epsilon_y} = A \left(\frac{\sigma}{\sigma_y} \right)^N \tag{6.1}$$

ϵ: deformación específica,
σ: tensión normal,
ϵ_y; σ_y: valores correspondientes a la fluencia,
A: constante,
N: coeficiente de endurecimiento por deformación.

Considerando el modelo elástico no lineal, con criterio de fluencia de Von Mises, estado plano de deformaciones, material incompresible y bajo condiciones de fluencia en gran escala,

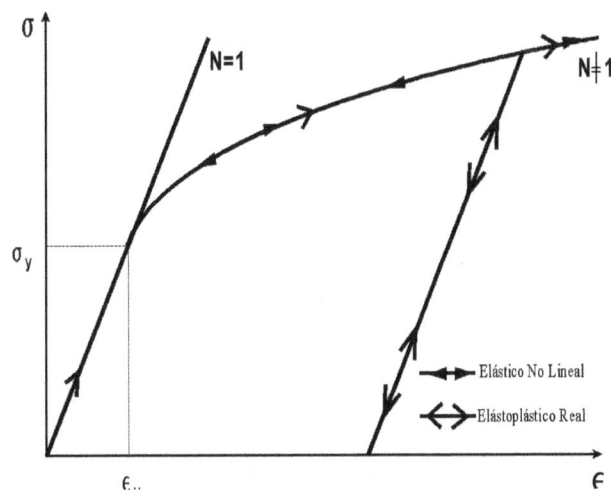

Figura 6.1. Modelos σ-ϵ.

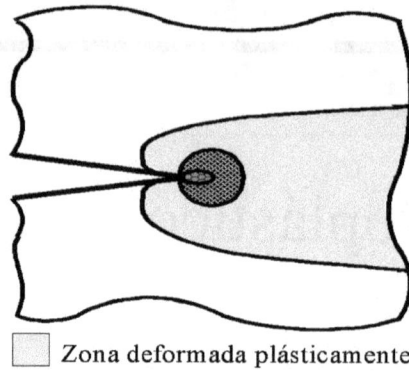

Zona deformada plásticamente

Figura 6.2. Plasticidad en gran escala.

los estados de tensiones y deformaciones en la vecindad de una fisura cargada en MODO I están dados por:[6.01, 6.02]

$$\sigma_{ij} = \sigma_y \left(\frac{J_I}{r\,\sigma_y\,\epsilon_y} \right)^{\frac{1}{N+1}} f(r,\,\theta,\,N) \quad ; \quad \epsilon_{ij} = \epsilon_y \left(\frac{J_I}{r\,\sigma_y\,\epsilon_y} \right)^{\frac{N}{N+1}} g(r,\,\theta,\,N) \qquad (6.2)$$

r; θ : coordenadas polares.

Se encuentra que el campo de tensiones y deformaciones en la vecindad del vértice de una fisura está controlado por un único parámetro: **J**. Este es el denominado campo **HRR**, debido a Hutchinson, Rice y Rosengreen, quienes fueron los que lo propusieron.

La Figura 6.2 esquematiza la validez de un campo **HRR** comparado con la correspondiente de la mecánica de fractura lineal elástica. Aquí las dimensiones de la zona elastoplástica son comparables con la longitud de fisura y demás dimensiones del cuerpo.

Una característica de este campo es que está basado en una hipótesis de comportamiento elástico no lineal, que puede ser asimilado a uno elastoplástico siempre y cuando no haya descarga en ningún punto del material, es decir, haya carga monótona creciente y no se genere crecimiento de fisura que produciría descarga en los puntos que están entre la longitud inicial y la final de la fisura.

6.2 LA INTEGRAL J DE RICE

Por otro lado, Rice [6.03] propuso una integral de línea (Figura 6.3) independiente del camino de integración elegido (para mayores detalles ver Apéndice):

$$J = \int_\Gamma \left(W\, dy - \vec{T}\, \frac{\partial \vec{u}}{\partial x}\, ds \right) \qquad (6.3)$$

Γ : cualquier camino de integración que vaya en sentido antihorario del borde inferior al superior de la fisura.

$\vec{T}$: Vector tracción: $T_i = \sigma_{ij}\, n_j$,

n_j: versor normal a la curva Γ,

$\vec{u}$: vector desplazamiento,

ds: elemento de arco de Γ,

$W = W(x,y) = \int_0^{\epsilon_{ij}} \sigma_{ij}\, d\epsilon_{ij}$: densidad de energía de deformación (Figura 6.4).

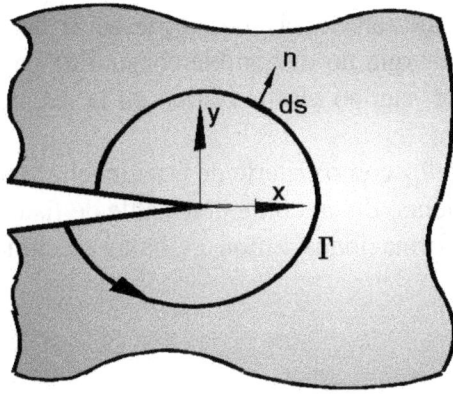

Figura 6.3. Convenciones para **J**.

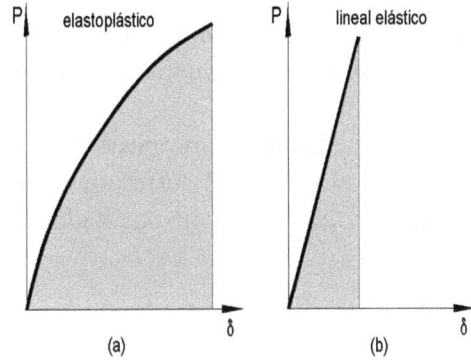

Figura 6.4. Densidad de energía de
deformación.

Esta integral puede ser evaluada para cualquier geometría y estado de carga.

Rice también mostró que la integral **J** puede ser interpretada en términos energéticos como (Figura.6.5):

$$J = - \frac{dU_P}{da} \qquad (6.4)$$

U$_P$: Energía potencial = Trabajo realizado sobre la probeta.

De acuerdo con esta definición, **J** es una generalización de la fuerza impulsora **G** de la mecánica de fractura lineal elástica, por lo que para el caso particular de comportamiento elástico lineal (**N=1**)

$$G \equiv J \qquad (6.5)$$

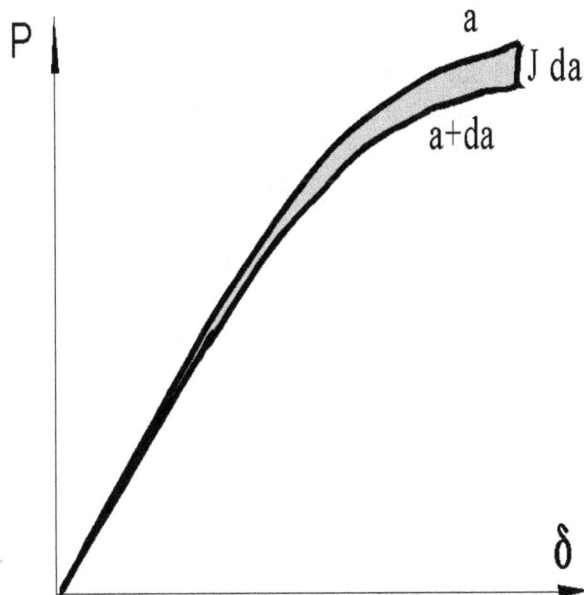

Figura 6.5. Interpretación energética de J.

J puede ser interpretado, para cuerpos elásticos no lineales, como la energía disponible para la extensión de la fisura. En su aplicación a materiales elastoplásticos, J pierde su significado como fuerza impulsora ya que en su mayoría es energía no disponible consumida en trabajo plástico, pudiendo ser considerado una medida del campo elastoplástico en la vecindad del vértice de la fisura.

Begley y Landes [6.04] propusieron el parámetro J_{IC} como criterio de fractura elastoplástico. El mismo es el valor de J correspondiente al comienzo de crecimiento estable de fisura en un material elastoplástico y bajo un estado plano de deformaciones. Entonces, habrá crecimiento de fisura si:

$$J_I \geq J_{IC} \tag{6.6}$$

6.3 RELACIÓN DE J CON K Y CTOD

Para condiciones de plasticidad en pequeña escala

$$J = G = \frac{K^2}{E'} \tag{6.7}$$

con

E' = E para tensión plana,
E' = E / (1-ν²) para deformación plana.

Aplicando el criterio de fractura a la ecuación anterior, o sea, tomando **K = K$_C$** (inicio de propagación de fisura), el valor correspondiente debe ser **J$_C$**. Este resultado es muy interesante por cuanto permite obtener en laboratorio la tenacidad a la fractura del material aplicando técnicas elastoplásticas para medir **J$_{IC}$** , y a partir del mismo calcular **K$_{IC}$**. Ello posibilita emplear metodologías relativamente simples en el análisis de defectos de estructuras grandes, tal como la evaluación de factores de intensidad de tensiones, realizando ensayos en laboratorio con probetas manejables. Recordemos que los tamaños mínimos de probeta para medir **K$_{IC}$** en los materiales que normalmente se emplean en estructuras actuales, son tremendamente grandes, impracticables en la mayoría de los laboratorios existentes. Por ejemplo, un acero de recipientes de presión con una tenacidad a la fractura de 200MPa m$^{0.5}$ y σ_{ys} = 200 MPa, requiere una probeta compacta de **B** = 1700mm y **W** = 3400mm. Landes y Begley [6.05] advirtieron que esta relación es estrictamente válida cuando en ambas situaciones se experimentan los mismos micromecanismos.

Así como existe una relación entre **J** y **K**, se puede obtener también una relación entre **J** y **CTOD**

$$J = m\sigma_y\delta \tag{6.8}$$

El valor de **m** varía entre **1** y **3** según diferentes autores [6.06, 6.07] y depende, entre otros, de la geometría, del coeficiente de endurecimiento por deformación y de la tensión de fluencia del material.

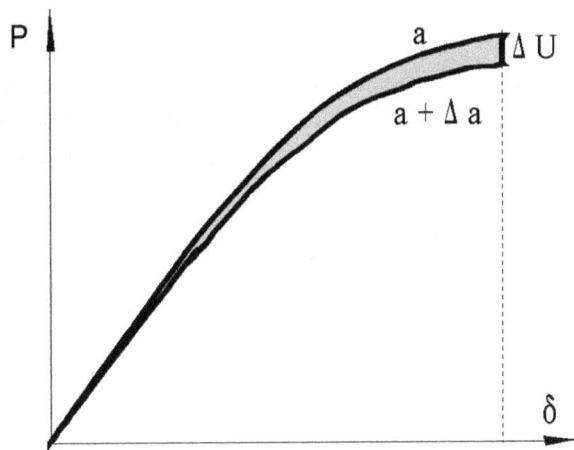

Figura 6.6. Determinación aproximada de **J** a partir
de registros **P**-δ.

Shih [6.08], haciendo análisis numéricos, demostró que existe una única relación entre **J** y **CTOD** para un dado material, por lo que ambos parámetros serían igualmente válidos para caracterizar la punta de fisura en materiales elastoplásticos.

Debido a las limitaciones de ambos parámetros, o de sus técnicas de medición, se encuentran resultados experimentales que no validan la unicidad de la relación entre **J** y **CTOD** para un dado material cuando se obtienen **curvas R**, especialmente con crecimientos de fisura importantes. Para eliminar efectos no intrínsecos de los parámetros, recientemente ha sido propuesto relacionar el $\mathbf{J_M}$ de Ernst con el δ_5 de Schwalbe.[6.09]

6.4 DETERMINACIÓN EXPERIMENTAL DE J_{IC}

Originalmente Landes y Begley [6.10] presentaron un método de evaluación de **J** que consistía en la determinación aproximada de la ecuación (6.4) como:

$$J = \frac{1}{B} \frac{\Delta U}{\Delta a} \qquad (6.9)$$

Era necesario evaluar la energía potencial (proporcional al área bajo la curva carga versus desplazamiento del punto de aplicación de la carga) en probetas con longitudes de fisuras levemente diferentes, para poder calcular los incrementos ΔU y Δa (Figura 6.6). Además de necesitarse varias probetas para la determinación de un valor de **J**, no estaba claro cuál era el valor correspondiente a J_{IC}. Además se suponía que durante el ensayo no ocurría crecimiento estable de fisura antes de haberse alcanzado la carga máxima.

6.4.1 Propuesta de Rice, Paris y Merkle

Posteriormente Rice, Paris y Merkle [6.11] presentaron un análisis que permite evaluar el valor de $\mathbf{J_I}$ mediante el ensayo de una sola probeta, en función del área bajo la curva carga versus desplazamiento del punto de aplicación de la carga, para la condición de fisura estática. Ellos analizaron varias situaciones, entre ellas el caso de fisura profunda sometida a flexión pura y espesor **B** unitario (Figura 6.7), donde separaron el ángulo rotado en sus componentes correspondientes a rotación de la viga sin fisura ($\theta_{no\ crack}$) y al incremento de rotación que la presencia de la fisura produce (θ_{crack}).

En esta configuración, fisura profunda, la zona deformada plásticamente se encuentra confinada al ligamento remanente, siendo entonces el mismo, **b**, la única longitud característica de la geometría. En estas condiciones un análisis dimensional permite demostrar que debe ser:

$$J = \int_0^M - \frac{\partial \theta}{\partial b}\Big|_M dM$$

$$\theta_{total} = \theta_{no\ crack} + \theta_{crack} \tag{6.10}$$

$$\theta_{total} = f\left(\frac{M}{b^2}\right) \tag{6.11}$$

Teniendo en cuenta que ($\theta_{no\ crack}$) es independiente de la longitud de fisura, resulta

$$- \frac{\partial \theta_{total}}{\partial b}\Big|_M = - \frac{\partial \theta_{crack}}{\partial b}\Big|_M = \frac{2M}{b^3} f'\left(\frac{M}{b^2}\right) \tag{6.12}$$

como

$$\frac{\partial \theta}{\partial M}\Big|_b = \frac{1}{b^2} f\left(\frac{M}{b^2}\right)\ f'\left(\frac{M}{b^2}\right) \tag{6.13}$$

despejando **f'(M/b²)** y reemplazando en (6.12):

$$- \frac{\partial \theta_{total}}{\partial b}\Big|_M = \frac{2M}{b}\left(\frac{\partial \theta_{crack}}{\partial M}\right)_b \tag{6.14}$$

entonces la (6.10) queda

$$J = \frac{2}{b} \int_0^{\theta_{crack}} M d\theta_{crack} \tag{6.15}$$

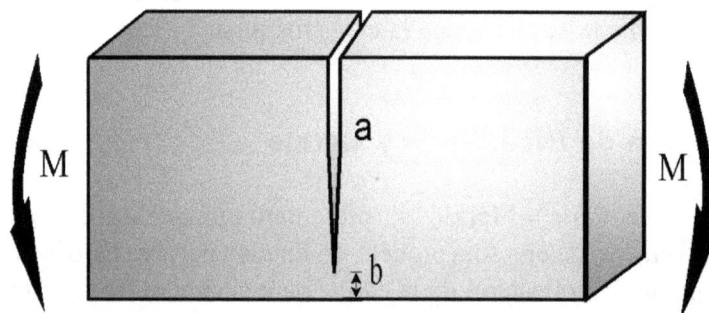

Figura 6.7. Fisura profunda sometida a flexión.

cuyo término integral corresponde al trabajo de las fuerzas externas. Para probetas de espesor **B**, puede reexpresarse de la siguiente manera:

$$J_I = \frac{2}{Bb}\int_0^{v_f} P\,dv = \frac{2}{Bb}\,A \tag{6.16}$$

B: espesor de la probeta,
b = **W-a**: ligamento remanente,
A: área bajo la curva carga versus desplazamiento de la carga.

6.4.2 Método experimental de Landes y Begley

Tanto el método de Landes y Begley como el análisis de Rice, Paris y Merkle asocian cada punto de la curva **P** vs. **v** con un valor de J_I.

El problema consiste en definir cuál de esos puntos caracteriza la tenacidad del material. Resulta razonable considerar como J_{IC} al valor de J_I correspondiente al comienzo del crecimiento estable de fisura. Este punto no está explícito en el registro de ensayo, por lo que se hace necesario evaluar la primera parte de la curva de resistencia J_I-**R**. Landes y Begley [6.05] desarrollaron un método experimental para la determinación de la curva J_I-**R** y consecuentemente el valor de J_{IC}. El mismo consiste en varias probetas (cuatro a seis) con fisuras suficientemente profundas que son ensayadas de la siguiente manera:

Una primera probeta es cargada hasta un cierto desplazamiento que excede al correspondiente a carga máxima. Luego otra es llevada a la carga máxima, y el resto a diferentes niveles inferiores al primero (Figura 6.8).

Una vez descargadas, cada probeta es sometida a teñido térmico (*heat tinting*) consistente en calentarlas a unos 300 °C durante aproximadamente 15 minutos. Para materiales como las aleaciones de aluminio debe hacerse una fisuración por fatiga posterior al ensayo. Cualquiera de estos procesos pone en evidencia el crecimiento estable de fisura, Δ**a**, por posterior observación de las medias probetas terminadas de romper después del marcado.

De acuerdo con lo analizado por Landes y Begley, la extensión de la fisura tiene un carácter dual (Figura 6.9). La primera parte, adyacente al vértice original de la misma, no está asociada

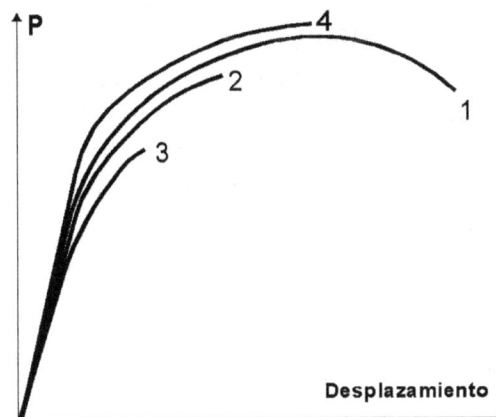

Figura 6.8. Registros **P**-δ de probetas múltiples.

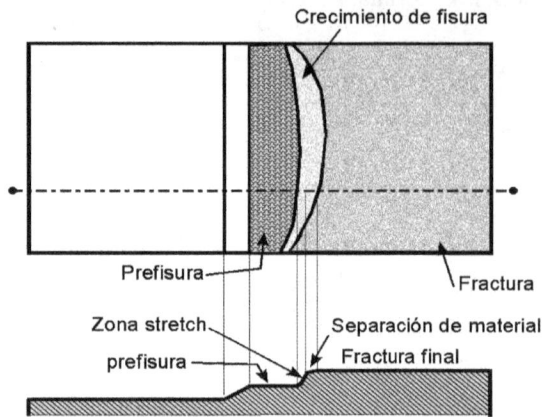

Figura 6.9. Superficie de fractura de una probeta.

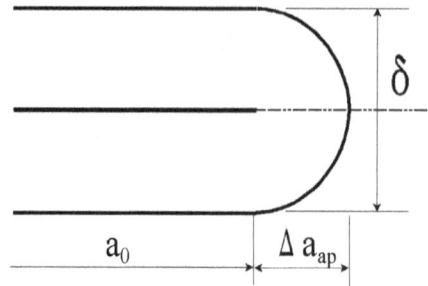

Figura 6.10. Crecimiento aparente por redondeamiento de punta de fisura.

al crecimiento propiamente dicho, sino a la apertura plástica o redondeo del vértice. Esta es denominada zona *stretch* y los autores la consideran igual a la mitad de la apertura del vértice **COS** (*Crack Opening Stretch*) (Figura 6.10).

Por teñido térmico no es posible diferenciar fácilmente la zona *stretch* del crecimiento real (Δa). Landes y Begley asumieron que, para distintos pares de valores **J-Δa**, la zona *stretch* puede ser representada por:

$$J = 2\sigma_y\, \Delta a$$

$$\sigma_y = \frac{\sigma_{ys} + \sigma_u}{2} \tag{6.17}$$

denominada *blunting line*.

Los valores de **J** de cada probeta se evalúan por el método de Rice, Paris y Merkle ya descripto.

Los pares de valores correspondientes a cada probeta son representados en un gráfico con **J** como ordenada y Δ**a** como abscisa. No considerando los puntos que quedan fuera de líneas de exclusión, se obtiene una recta de regresión **J-Δa** por cuadrados mínimos; y la intersección de esta recta con la correspondiente a la *blunting line* es el valor de J_{IC} (Figura 6.11).

Este procedimiento fue la base sobre la que el Comité E-24 de **ASTM** normalizó en 1981 este ensayo [6.12], llevando la sigla **E-813-81**. Posteriormente la norma fue modificada [6.13] y ampliada para determinar curvas de resistencia. Más recientemente **ASTM** normalizó un procedimiento que cubre tanto **K, CTOD** como **J**.[6.14] Muchos otros países o grupos de ellos han normalizado este ensayo, debiendo destacarse la Comunidad Europea.[6.15] Al final del capítulo se hará una descripción de los aspectos más importantes, incluyendo cuestiones relacionadas a los puntos que discutiremos a continuación.

6.4.3 Corrección de J por tracción

La ecuación (6.16) dada por Rice, Paris y Merkle [6.11] permite estimar **J** con suficiente precisión en fisuras profundas sometidas a flexión pura. La probeta compacta es esencialmente una probeta de flexión pero tiene superpuesta una pequeña componente de tracción, por lo que

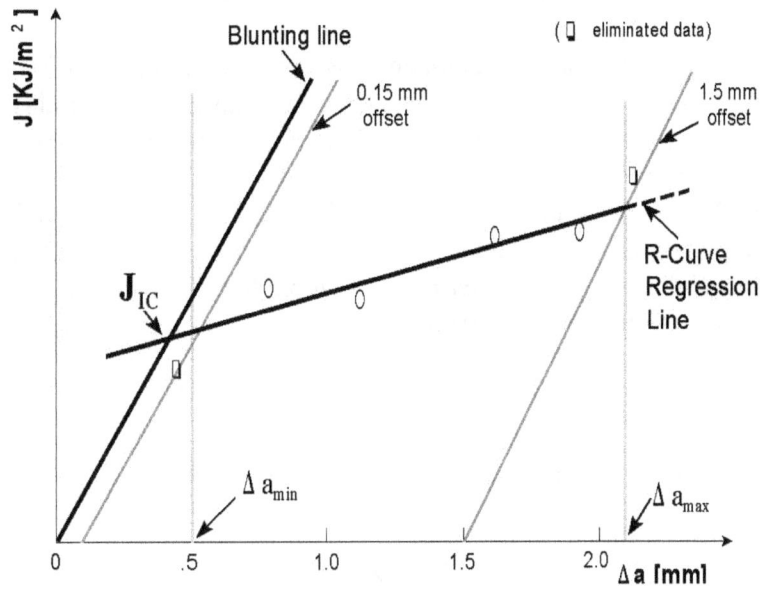

Figura 6.11. Determinación de J_{IC} según ASTM E-813-81.

la ecuación (6.16) es levemente incorrecta. Merkle y Corten,[6.16] junto a Sumpter y Turner [6.17] propusieron correcciones del tipo

$$J = J_{el} + J_{pl} = \frac{\eta_{el}}{bB} A_{el} + \frac{\eta_{pl}}{bB} A_{pl} \tag{6.18}$$

Clarke y Landes [6.18] analizaron las mismas y propusieron una versión simplificada

$$J = \eta \frac{A}{bB} \tag{6.19}$$

con

$$\eta = 2\left(\frac{1+\alpha}{1+\alpha^2}\right)$$

$$\alpha = 2\left[\left(\left(\frac{a}{b}\right)^2 + \frac{a}{b} + \frac{1}{2}\right)^{0.5} - 2\left(\frac{a}{b} + \frac{1}{2}\right)\right] \tag{6.20}$$

Además verificaron que, en el rango de aplicación, la ecuación anterior puede ser reemplazada con un alto grado de precisión por

$$\eta = 2 + 0.522 \frac{b}{W} \tag{6.21}$$

que es más simple.

6.4.4 Corrección de J por crecimiento estable de fisura

Durante un ensayo de tenacidad la fisura crece en forma estable, dando un registro **P** vs. **v** como el de línea llena de la Figura 6.12. En la misma están esquematizados los registros hipotéticos correspondientes a distintas longitudes de fisura entre la inicial y la final, pero que no varían durante el ensayo.

La ecuación (6.16) fue deducida para fisuras de longitud constante, por lo que se comete un cierto error al emplearla para ensayos de **curvas J-R**. Cuanto mayor es el crecimiento de fisura, más importante es el error, por lo que Ernst y colaboradores [6.19] propusieron una ecuación incremental aproximada que resultó ser muy útil para ensayos de una sola probeta. Ella está dada por:

$$J_{i+1} = \left[J_i + \left(\frac{\eta}{b} \right)_i A_{i,\,i+1} \right] \left[1 - \left(\frac{\gamma}{b} \right)_i (a_{i+1} - a_i) \right] \qquad (6.22)$$

donde:

J_i : J para la longitud de fisura a_i,

J_{i+1} : J para la longitud de fisura a_{i+1},

b_i = $W-a_i$: ligamento remanente,

$A_{i,i+1}$: Incremento del área bajo la curva **P-v** entre las líneas de desplazamiento constante correspondiente a las longitudes a_1 y a_{i+1}.

Para probetas compactas:

$$\eta = 2 + 0.522 \frac{b_i}{W} \qquad (6.23)$$

$$\gamma_i = 1 + 0.76 \frac{b_i}{W} \qquad (6.24)$$

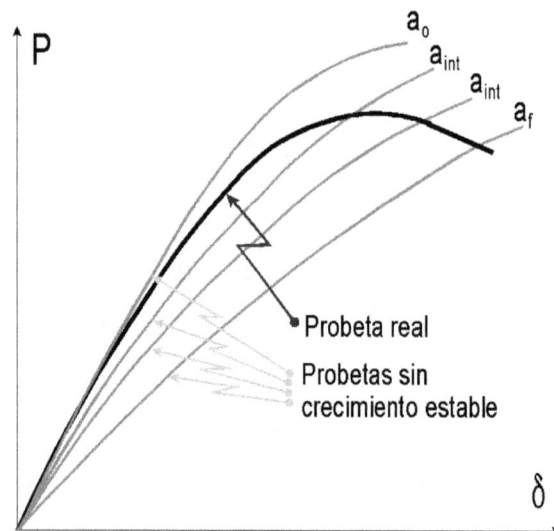

Figura 6.12. Efecto de crecimiento estable en P *vs.* δ.

mientras que para probetas de flexión en tres puntos

$$\eta = 2 \tag{6.25}$$

$$\gamma = 1 \tag{6.26}$$

Como expresión aproximada, su exactitud aumenta a medida que se reducen los intervalos **i - i+1**.

6.5 CURVAS DE RESISTENCIA J-R

Los datos experimentales muestran que una fisura sometida a carga estática puede sufrir un proceso de crecimiento estable sin que se alcancen las condiciones de inestabilidad. En vista de ello se puede considerar a J_{IC} como un criterio de fractura sumamente conservativo.

El concepto de curva de resistencia brinda un marco de trabajo general para comprender la relación entre los efectos de la geometría y el comportamiento del material.[6.20] Tal concepto debe ser entendido de la siguiente forma: considérese un cuerpo cargado monótonamente, caracterizándose la fuerza impulsora de la fisura por medio de **J** (también podrían emplearse **G, K, CTOD** o **COA**), la **curva R** representa un contorno de condiciones de equilibrio donde la fisura permanece estable si la carga es detenida, habiendo equilibrio entre la fuerza impulsora y la resistencia del material al crecimiento de fisura. Se desarrollará crecimiento inestable si la fuerza impulsora se incrementa en mayor proporción que la resistencia al crecimiento de fisura (Figura 6.13). Este fenómeno será analizado más detalladamente.

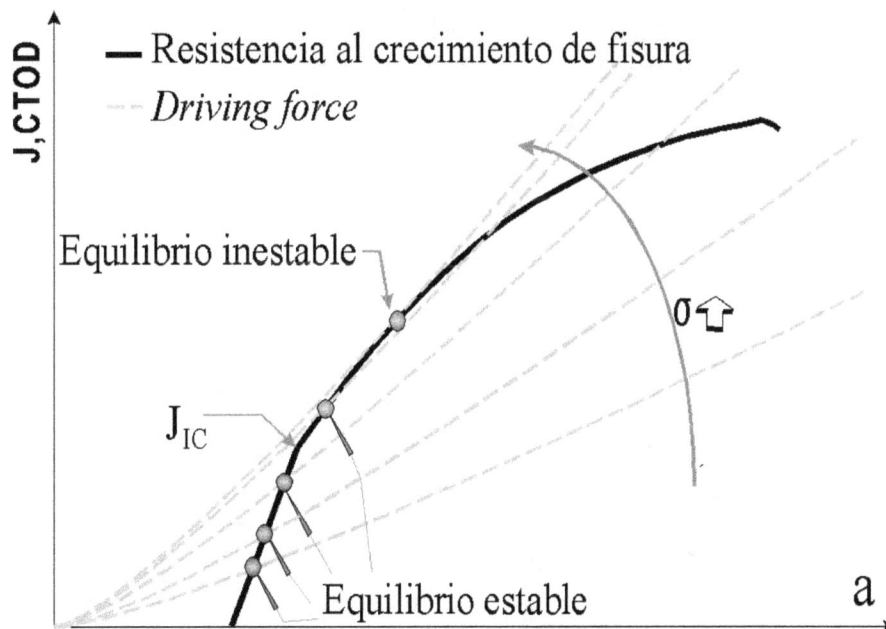

Figura 6.13. Condiciones de equilibrio entre fuerza impulsora y resistencia al crecimiento de fisura.

El concepto de **curva R** fue originariamente desarrollado para ser utilizado en el campo lineal-elástico y es considerado una propiedad del material, presentando solamente efectos dependientes del espesor y la temperatura. En su extensión al campo elastoplástico aún no han sido totalmente establecidos los límites de aplicabilidad de la **curva R** como una propiedad del material que controla el crecimiento de la fisura.[6.21, 6.22, 6.23, 6.24]

6.6 VALIDEZ DE J

6.6.1 Validez en fluencia en gran escala.

Shih, deLorenzi y Andrews [6.25] mostraron que, bajo condiciones de fluencia generalizada, la única longitud característica en la punta de la fisura es el **CTOD**, por lo que los requerimientos de tamaño deben ser establecidos en términos de ella. Para que los parámetros de un campo HRR (**J**, δ) caractericen el campo cercano a la punta de una fisura, la longitud de la misma, el ligamento remanente y el espesor deben ser grandes comparados con el desplazamiento de apertura de la punta de fisura. Por lo tanto el **CTOD** debe ser mucho menor que el ligamento remanente. Ello es cumplido por:

$$\rho = \frac{b\sigma_0}{J} \gg 1 \tag{6.27}$$

Fue encontrado que el valor mínimo de ρ necesario para asegurar una correcta descripción de tensiones y deformaciones depende de la relación entre las componentes de tensiones de tracción y flexión:

$$\rho_{min} = f\left(\frac{\sigma_{tension}}{\sigma_{bending}}\right) \tag{6.28}$$

Landes y Begley [6.05] sugirieron que la siguiente relación

$$b \geq 25 \ a \ 50 \ \frac{J}{\sigma_o} \tag{6.29}$$

asegura razonablemente el dominio por parte de **J** de los campos de tensiones y deformaciones en la vecindad de la punta de fisura en probetas de flexión.

McMeeking y Parks [6.26] realizaron análisis muy detallados por el método de Elementos Finitos usando modelos con y sin endurecimiento por deformación para determinar los límites de **J** como dominador del campo de tensiones y deformaciones en la vecindad de la punta de fisura para situaciones que cubrían desde fluencia en pequeña escala hasta fluencia generalizada. Ellos demostraron que los valores sugeridos por Landes y Begley son adecuados. Para geometrías de tracción han sido propuestos valores mínimos mucho mayores, ρ ≥ 200.[6.27]

6.6.2 Validez para crecimiento estable de fisura

Dado que el campo de deformaciones está dado por

$$\epsilon_{ij} = \frac{k_n\, J^{\frac{n}{n+1}}}{r^{\frac{n}{n+1}}}\, \overline{\epsilon_{ij}}(\theta) \qquad (6.30)$$

r, θ: coordenadas polares.

Hutchinson y Paris [6.28] definieron a **R** como el radio característico de dominio de la ecuación anterior (Figura 6.14). En fluencia en pequeña escala, **R** será una fracción del tamaño de la zona plástica:

$$R = \alpha_2\, r_p$$
$$\alpha_2 < 1 \qquad (6.31)$$

mientras que en fluencia en gran escala será una fracción del ligamento remanente

$$R = \alpha_1 b$$
$$\alpha_1 < 1 \qquad (6.32)$$

Dado que la estela de descarga elástica y la región de deformaciones no proporcionales son del orden de $\Delta \mathbf{a}$, una condición para validez de **J** bajo crecimiento estable es que el mismo sea pequeño comparado con este valor **R**

$$\Delta a \ll R \qquad (6.33)$$

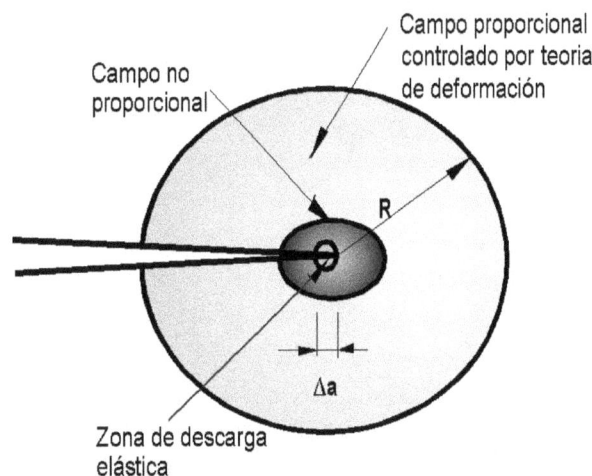

Figura 6.14. Campos proporcional y no proporcional
en la punta de fisura.

Valores admitidos como aceptables son

$$\frac{\Delta a}{b_0} \leq 0.1 \tag{6.34}$$

Por otro lado, si hay un incremento de fisura **da**, la (6.30) se convierte en

$$d\epsilon_{ij} = k_n \frac{J^{\frac{n}{n+1}}}{r^{\frac{n}{n+1}}} \left[\frac{n}{n+1} \frac{dJ}{J} \overline{\epsilon_{ij}}(\theta) + \frac{da}{r} \overline{\beta_{ij}} \right] \tag{6.35}$$

con

$$\beta_{ij} = \frac{n}{n+1} \cos\theta \ \overline{\epsilon_{ij}} + \sin\theta \ \frac{\partial}{\partial\theta} \ \overline{\epsilon_{ij}} \tag{6.36}$$

El primer término de la llave corresponde a un incremento de carga proporcional (esto es $d\epsilon \sim \epsilon$), mientras que el segundo no es proporcional. Como ϵ_{ij} y β_{ij} son de magnitud comparable, el primer término hará despreciable al segundo cuando

$$\frac{da}{r} \ll \frac{dJ}{J} \tag{6.37}$$

Si definimos

$$\frac{1}{D} = \frac{dJ}{da} \frac{1}{J} \tag{6.38}$$

con

$$D \ll r \tag{6.39}$$

si, además

$$D \ll R \tag{6.40}$$

debe haber una región en que

$$D \ll r \ll R \tag{6.41}$$

donde las deformaciones sean predominantemente proporcionales y el campo dado por las ecuaciones (6.2) sea dominante.

Si (6.37) es satisfecha, habrá muy poca diferencia entre los campos de deformaciones predichos por la teoría de plasticidad de deformación y los campos de deformaciones reales.

Hutchinson y Paris [6.28] introdujeron el parámetro no dimensional

$$\omega = \frac{b}{J} \frac{dJ}{da} \tag{6.42}$$

por lo que, para la condición de crecimiento controlado por **J**, debe ser:

$$\omega \gg 1 \tag{6.43}$$

Este es el requerimiento para que haya proporcionalidad de deformaciones en el campo singular.

No está claro qué valor mínimo debe tener ω. Los sugeridos por diferentes autores van desde **40** [6.28] hasta **2**.[6.29]

La Figura 6.14 esquematiza las diferentes zonas de control en la punta de una fisura de un material elastoplástico. En ella están marcadas una zona donde hubo descarga debido al crecimiento de fisura, hay una segunda zona con deformación plástica no proporcional que no está controlada por **J** y que tiene una longitud del orden de **Δa**. Por último está la zona con radio **R** controlada por **J**, es decir donde el comportamiento elastoplástico puede ser asimilado a un elástico no lineal.

6.6.3 Efecto de *constraint*

El *constraint* es un parámetro de superlativa importancia en fractura, en la medida en que las propiedades de fractura de un dado material pueden exhibir amplias variaciones para diferentes valores de *constraint*. Hay tres importantes razones por las cuales el tema *constraint* recibe tanta atención en los últimos años:

1) No hay consenso en la definición de *constraint*: varios modelos están siendo empleados para definir cantidades.

a) La triaxialidad local

$$h(r,\theta,z) = \frac{\sigma_h(r,\theta,z)}{\sigma_e(r,\theta,z)} \tag{6.44}$$

donde **r**, θ, **z** son coordenadas polares con origen en la punta de la fisura, σ_h y σ_e son las componentes hidrostática y efectiva de las tensiones respectivamente. Este índice de triaxialidad es usado para caracterizar la situación tridimensional real sin ninguna hipótesis adicional. Su significado físico ha sido reconocido como un factor dominante en daño dúctil.[6.30, 6.31] La evaluación de **h** para un componente requiere de un análisis tridimensional de tensiones por elementos finitos.

b) El campo **HRR** expresa sólo el primer término de un desarrollo en serie que describe las tensiones y deformaciones en la punta de una fisura. Como consecuencia de ello diferentes geometrías muestran distintas restricciones a las deformaciones, presentándose efectos de geometría en las curvas **R**.[6.32] Rice [6.33] sugirió que estas diferencias podían ser atribuidas al segundo término en el desarrollo en serie lineal elástico que denominó **tensión T**.

$$\sigma_{ij} = \frac{K}{\sqrt{2\Pi r}} \, f_{ij}(\theta) + T_{ij}\delta_{i1}\delta_{1j} \tag{6.45}$$

δ: delta de Kronnecker

Tensiones **T** de compresión reducen la triaxialidad de tensiones, por lo que una caracterización de las tensiones y deformaciones por el campo **HRR** se daría únicamente para valores positivos de **T**.

c) A diferencia de la tensión **T**, la tensión **Q** en la teoría **J-Q** [6.34, 6.35] no es una constante, depende de **r** y θ, toma diferentes valores para las distintas componentes de tensiones, y puede depender de la carga. Está definida por:

$$Q = \frac{\sigma_{\theta\theta} - \sigma_{\theta\theta HRR}}{\sigma_0} \tag{6.46}$$

para $\theta=0$ y $r_0=2J/\sigma_0$. La tensión $\sigma_{\theta\theta}$ es obtenida por análisis por elementos finitos. **Q** caracteriza el *constraint* para un material con endurecimiento potencial bajo condiciones de deformación plana. Como puede verse en la ecuación, valores negativos de **Q** son indicativos de pérdida de *constraint* comparados con el campo **HRR**.

d) Un parámetro más, **A₂**, es obtenido por un desarrollo potencial de tres términos del campo de tensiones.[6.36]

Los parámetros **T**, **Q** y **A₂** son obtenidos para condiciones de estado plano de deformaciones y entonces no cubren problemas con pérdida de *constraint* por deformación en el sentido del espesor.

2) En muchos casos el *constraint* sólo es tratado como una función de la geometría. Pero en realidad otros factores también juegan un rol importante, por ejemplo el grado de plasticidad y el coeficiente de endurecimiento por deformación.

3) Aquellos parámetros que afectan el *constraint*, en particular los factores geométricos, tienen diferentes efectos en distintos materiales.[6.37]

6.7 J MODIFICADO, J_M

El análisis de Hutchinson y Paris [6.28] mostró que debían cumplirse dos condiciones para que **J** controle el régimen de crecimiento de fisura:

$$\frac{\Delta a}{b_0} \leq 0.1 \tag{6.34}$$

$$\omega = \frac{b}{J}\frac{dJ}{da} \gg 1 \tag{6.42}$$

Si se presentan crecimientos de fisura que violen estas condiciones, la consecuencia será una curva **R** dependiente del tamaño y/o geometría. Estas limitaciones hacen que, para construir curvas **J-R** con importantes crecimientos de fisura, los tamaños de probetas tiendan a ser prohibitivos. Supongamos que necesitamos obtener una curva **R** con un crecimiento estable de fisura de, digamos, 20mm. Por la limitación de la ecuación (6.34), el ligamento remanente inicial, b_0, deberá ser superior a 200mm. Para una relación **a/W** = 0.5, la altura de probeta, **W**, será mayor que 400mm. Para una probeta de flexión normalizada, las restantes dimensiones serán espesor **B** > 200mm y longitud **L** > 1200mm. Claramente estamos ante una situación en la cual muy pocos laboratorios en el mundo están en condiciones de realizar un ensayo de esta magnitud.

Para superar este inconveniente Ernst [6.38,6.39] desarrolló una modificación de **J** que extiende el crecimiento de fisura permitido, eliminando el efecto de tamaño mencionado anteriormente. El parámetro **J** modificado, J_M, está definido como:

$$J_M = J - \int_{a_0}^{a} \frac{\partial(J-G)}{\partial a}\Big|_{\delta_{pl}} da \qquad (6.47)$$

con

$$G = J_{el}$$
$$J - G = J_{pl} \qquad (6.48)$$

Para el caso de una probeta con fisura profunda sometida a flexión, la expresión anterior se convierte en

$$J_M = J + \int_{a_0}^{a} \frac{J_{pl}}{b} da \qquad (6.49)$$

mientras que para probetas compactas

$$J_M = J + \int_{a_0}^{a} \gamma \frac{J_{pl}}{b} da \qquad (6.50)$$

con γ ya definido anteriormente.

Mientras **J** es definido como el área entre dos curvas **P** vs. **v** de dos probetas de longitud de fisura constante y que difieren infinitésimamente por **da**, J_M fue definido como la diferencia en área de dos probetas con fisuras crecientes que siempre mantienen una diferencia infinitesimal de longitud de fisura **da** (Figura 6.15). J_M incluye algunas de las irreversibilidades de los eventos de fractura que **J** desconoce. En la Figura 6.16 se muestran curvas **J-R** obtenidas para diferentes geometrías, notándose que fuera de los límites comienzan a divergir. Reanalizados los datos en función de J_M, ellos se unifican en una sola curva.

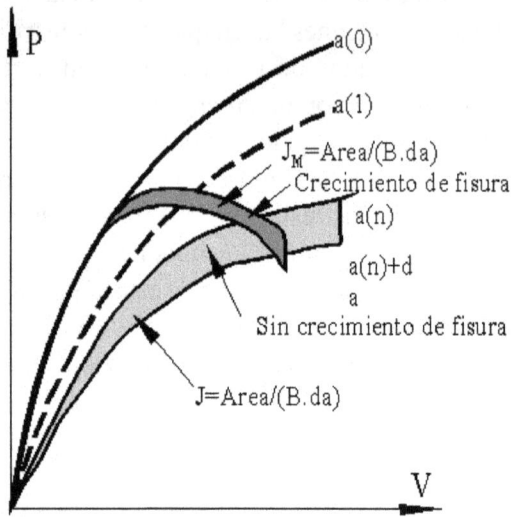

Figura 6.15. J_M con y sin crecimiento estable de fisura.

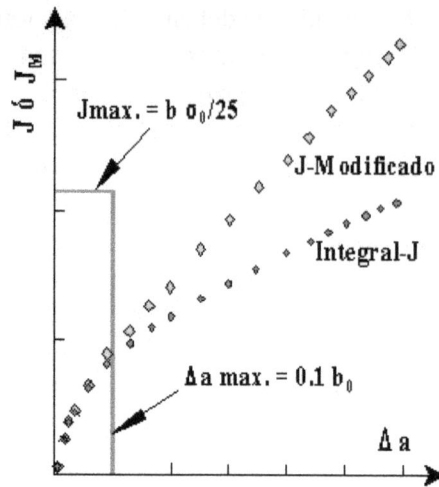

Figura 6.16. El rectángulo de ASTM. Curvas R evaluadas por **J** y **J_M**.

6.8 INESTABILIDAD POR DESGARRE. MÓDULO T

Habíamos definido a la curva **R** como un lugar de equilibrio donde la fuerza impulsora de la fisura es igual a la resistencia del material al crecimiento de la misma. En consecuencia la inestabilidad se produce cuando este balance se rompe, por lo que es necesario establecer cuándo ello ocurre o, lo que es lo mismo, definir un criterio de inestabilidad.

Sea una curva **R** para una material con una fisura inicial **a_0** (Figura 6.17). Sobre ella son superpuestas varias curvas representando diversas intensidades de carga. A partir del análisis de la figura se verifica que existe una tensión que es tangente a la curva de resistencia del material. El punto de intersección representa la situación de inestabilidad, o sea, el punto a partir del cual el desgarre se torna inestable y ocurre la fractura. Aquí

$$\frac{dJ_{app}}{da} > \frac{dJ_{mat}}{da} \tag{6.51}$$

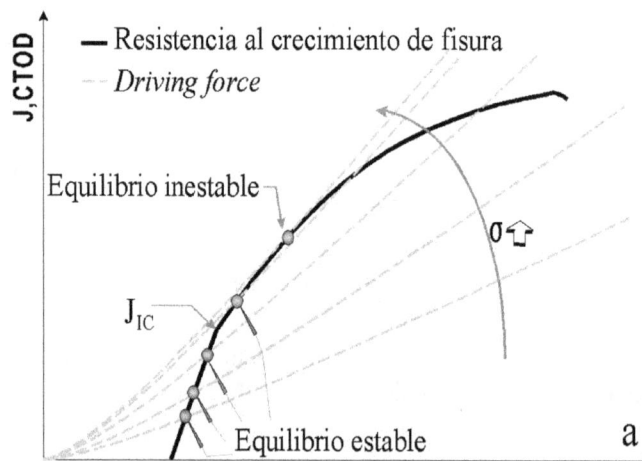

Figura 6.17. Análisis de inestabilidad por curva **R**.

Paris y colaboradores [6.40, 6.41] introdujeron un parámetro adimensional definido como módulo de desgarre (*tearing modulus*), **T**, cuya forma general es:

$$T = \frac{E}{\sigma_0^2} \frac{dJ}{da} \tag{6.52}$$

Si esta ecuación es usada con la **curva R** del material, el valor resultante es el módulo de desgarre del material, $\mathbf{T_{mat}}$, y, en la misma medida que la **curva R**, puede ser considerado una característica del material independiente de la longitud inicial de la fisura. Si en cambio, es calculada como el incremento de la fuerza impulsora en términos de **J** aplicado, $\mathbf{J_{app}}$, por unidad de extensión virtual de la fisura, el valor resultante es el **T** aplicado, $\mathbf{T_{app}}$.

La inestabilidad ocurre cuando

$$T_{app} > T_{mat} \tag{6.53}$$

Paris y colaboradores desarrollaron fórmulas de $\mathbf{T_{app}}$ para diferentes geometrías.

El $\mathbf{T_{app}}$, para la condición de desplazamiento constante, es función de la *compliance* del sistema, por lo tanto la inestabilidad por desgarramiento no implica solamente la característica de fractura local de una probeta o componente estructural, sino también la *compliance* total del sistema. En otras palabras, la transición de **estable** a **inestable** puede ser causada variando la rigidez del sistema, aun para un valor constante de **J**.

Paris y colaboradores [6.41] utilizaron probetas de flexión en tres puntos cargadas en serie con una barra resorte de longitud ajustable, permitiendo de esta forma modificar la *compliance* del sistema, y por lo tanto el $\mathbf{T_{app}}$. En la Figura 6.18 se muestran los resultados obtenidos, donde se observa que los puntos correspondientes a estabilidad (llenos) están a la izquierda de la línea a 45°, o sea, donde

$$T_{mat} > T_{app} \tag{6.54}$$

Prácticamente todos los ensayos que dieron inestabilidad (puntos abiertos) cayeron a la derecha de la línea mencionada, tal como predice esta teoría.

En lugar de evaluar la pendiente de la curva **R** para obtener el $\mathbf{T_{mat}}$, y luego compararlo con

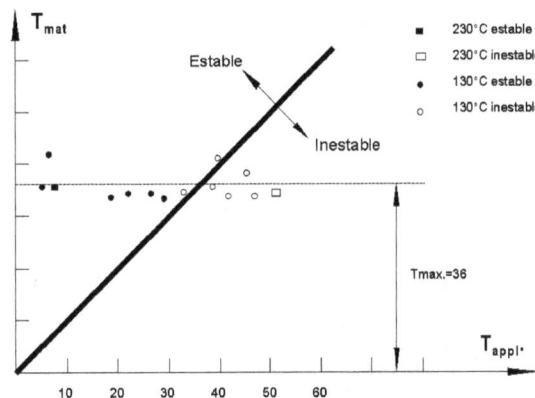

Figura 6.18. Resultados de ensayos de
inestabilidad.

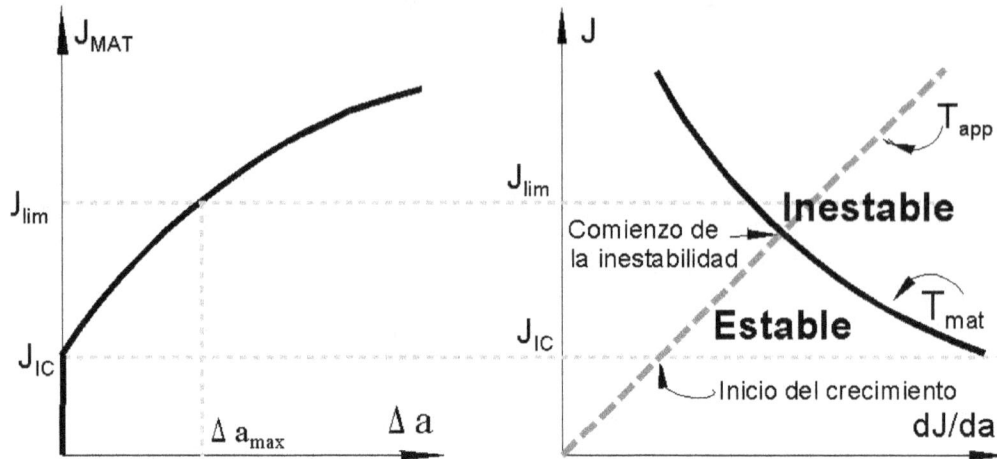

Figura 6.19. Análisis de inestabilidad usando diagramas **J-T**.

el T_{app}, se pueden emplear los gráficos **J-T** (Figura 6.19), en donde el punto de inestabilidad ya no está dado por la tangencia de dos curvas, sino por la intersección entre ellas.

Para los casos en que se violan los límites de validez de **J**, y por lo tanto se usa el J_M, se ha definido el **T** modificado como

$$T_{M_{mat}} = T_{mat} - \frac{E}{\sigma_0^2} \frac{J_{pl}}{a}\Big|_{v_{pl}} \qquad (6.55)$$

La condición de inestabilidad será

$$T_{app} > T_{M_{mat}} \qquad (6.56)$$

6.9 MÉTODOS DE MEDICIÓN DE CRECIMIENTO ESTABLE DE FISURA

Como ya fue descripto anteriormente, es necesario conocer qué valor de crecimiento estable de fisura tiene asociado cada valor de **J**, y entonces, determinar el correspondiente al comienzo del crecimiento estable. Como la fisura no crece en forma uniforme en todo el espesor ya que se produce un efecto de "tunelado", las mediciones ópticas durante el ensayo no son precisas ni confiables.

Landes y Begley [6.05] propusieron el método ya descripto de probetas múltiples, que es muy confiable y exacto, pero que tiene la desventaja de requerir varias probetas para la determinación de un valor de J_{IC}. Por ello es que muchos investigadores trabajaron sobre procedimientos indirectos de medir el crecimiento estable durante el ensayo, habiendo sido realizadas muchas propuestas que hacen uso de diferentes propiedades.

Otra alternativa, solamente válida para la obtención de J_{IC}, es determinar el punto correspondiente al comienzo del crecimiento. También han sido hechas varias propuestas, aunque actualmente son poco empleadas.

Describiremos someramente unos pocos métodos alternativos para medir $\Delta\mathbf{a}$, los que consideramos más usados actualmente.

6.9.1 Descargas parciales (*Unloading compliance*)

Clarke y colaboradores [6.42] propusieron una técnica alternativa a la de Landes y Begley mediante la cual se podía medir indirectamente el crecimiento estable durante el ensayo, y por lo tanto se podía determinar $\mathbf{J}_{IC}$ con una sola probeta.

Si se realizan pequeñas descargas y recargas durante el ensayo, éstas darán porciones de rectas (Figuras 6.20 y 6.21) cuyas pendientes (*Compliances*) son función de la longitud de grieta y de la geometría de la probeta. Estas relaciones son conocidas y pueden obtenerse de la bibliografía en forma de desarrollos en serie, tablas o curvas:

$$\frac{a}{W} = f\left(EB\frac{\Delta v_{el}}{\Delta PM}\right) \tag{6.57}$$

El crecimiento estable de fisura para una descarga dada corresponde a la diferencia de las longitudes actual e inicial.

Poner a punto este método no es simple, ya que requiere la medición muy precisa de las pendientes de las pequeñas descargas realizadas (15%), por lo que es usual obtener registros separados y con mayores niveles de amplificación para las descargas. Diferentes alternativas han sido propuestas.[6.43, 6.44]

6.9.2 Caída de potencial eléctrico

El fundamento de esta técnica se basa en que las discontinuidades tales como fisuras perturban el campo de potencial eléctrico cuando circula una corriente. La magnitud de la perturbación es función del tamaño y forma de la fisura.

En el caso particular de su aplicación a ensayos de tenacidad a la fractura, se suministra a la probeta una corriente fija, del orden de los 10 a 60A, midiéndose la caída de potencial a ambos lados de la fisura (Figura 6.22). Por medio de curvas de calibración se puede determinar,

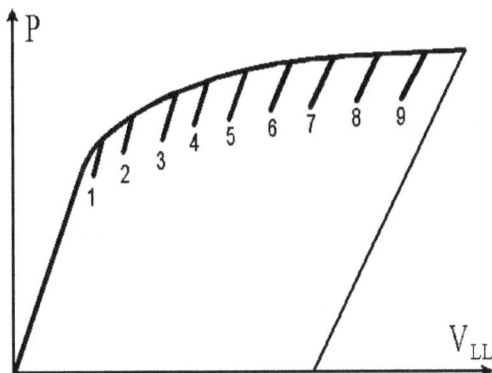

Figura 6.20. Método de descargas parciales.

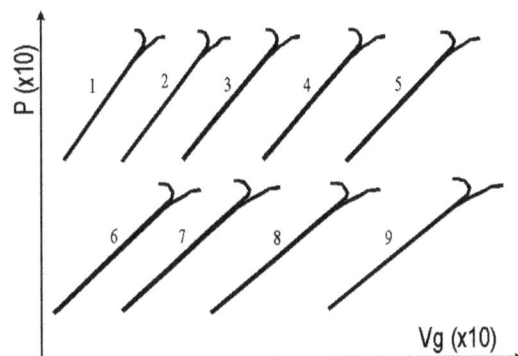

Figura 6.21. Descargas parciales amplificadas.

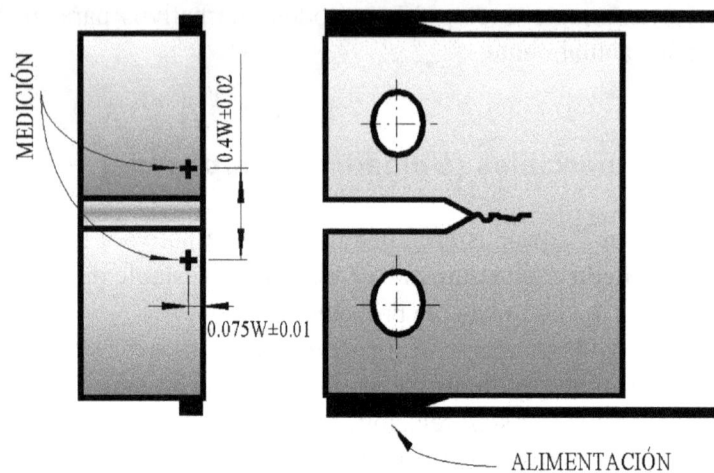

Figura 6.22. Método de caída de potencial eléctrico.

para una dada variación de caída de tensión del orden de los μV, cuánto creció la fisura. Cada curva de calibración, obtenida numérica o experimentalmente, corresponde a una dada geometría y ubicación de los bornes de entrada/salida de corriente y puntos de medición de la caída de potencial.[6.45]

Este método, que tiene la ventaja de no ser necesaria la interrupción del ensayo con descargas parciales, puede ser implementado tanto con alimentación de corriente continua como alterna,[6.46, 6.47] siendo el primero el más difundido.

6.9.3 Método del doble *clip gauge*

Está basado en el modelo *plastic hinge* ya descripto para la determinación del **CTOD** y que establece que, para las componentes plásticas del desplazamiento, la probeta se comporta como dos brazos rígidos que rotan alrededor de un punto del ligamento remanente llamado centro aparente de rotación (**CR**). El método consiste en medir la apertura de la boca de la fisura a dos distancias diferentes del **CR** (Figura 6.23).[6.48]

Mientras no hay crecimiento estable de fisura, ambos desplazamientos son proporcionales, dando un segmento de recta como registro:

$$\frac{dV_1}{dV_2} = \frac{Z_1 + a + r_p(W-a)}{Z_2 + a + r_p(W-a)} \tag{6.58}$$

Al comenzar el crecimiento, el **CR** se desplaza y, por lo tanto, el registro se curva, siendo la variación de pendiente función del Δ**a**.

Al igual que en el método de caída de potencial, el doble *clip* no requiere interrupciones parciales del ensayo. Su desventaja fundamental consiste en la baja sensibilidad que presenta en su arreglo tradicional, aunque han sido propuestas disposiciones de los clips que permiten incrementar enormemente la capacidad de discriminar cambios muy pequeños de longitud de fisura.[6.49]

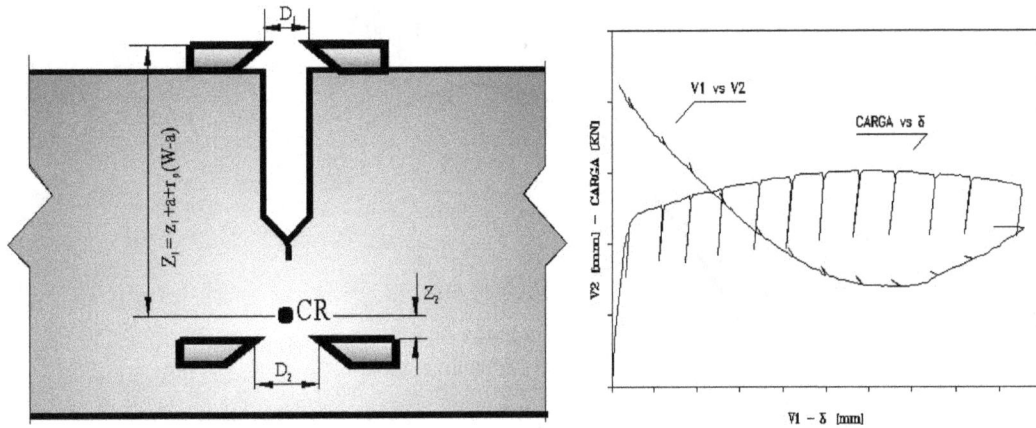

Figura 6.23. Método de doble clip gauge.

6.9.4 Curvas llave (*Key curves*)

El comportamiento a la deformación de probetas hechas de materiales dúctiles es tal que las propiedades de carga-desplazamiento pueden ser escaladas en una sola curva. La metodología que permite el escalado de probetas de tenacidad es denominado análisis de curvas llave. Para poder aplicarlo, las probetas deben tener fisuras suficientemente profundas de manera de asegurar que toda la deformación plástica quede confinada en la región del ligamento remanente.[6.50]

Para probetas de flexión las variables de la curva llave (**KC**) pueden ser representadas por

$$(6.59)$$

Si enfocamos el diseño de una probeta, la relación puede ser reducida a las siguientes dos variables independientes

$$\frac{PW}{b^2} = F_1\left(\frac{V_{pl}}{W}, \frac{a}{W}\right) \tag{6.60}$$

Esta ecuación se muestra en la Figura 6.24. A valores constantes de **a/W**, probetas de todos los tamaños convergen en una función definible **F₁**, que relaciona la carga normalizada con el desplazamiento normalizado. Ernst y colaboradores [6.51] han mostrado que diferenciando la ecuación (6.60), cambios incrementales en carga y dimensiones de probeta se relacionan de la siguiente manera:

$$dP = \left(\frac{b^2}{W^2}\frac{\partial F_1}{\partial \frac{v_{pl}}{W}}\right) dv_{pl} + \left(\frac{b^2}{W^2}\frac{\partial F_1}{\partial \frac{a}{W}} - \frac{2b}{W}F_1\right) da \tag{6.61}$$

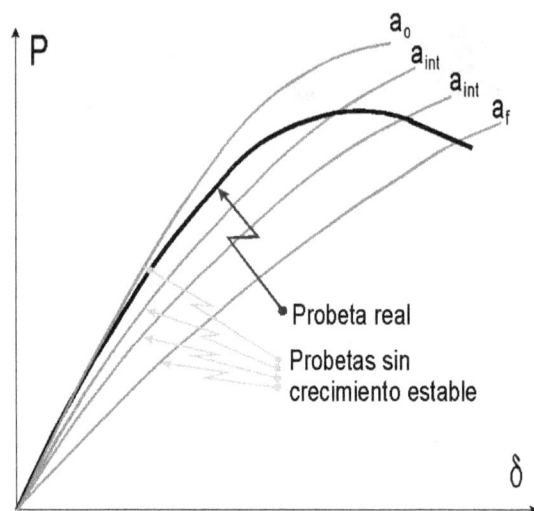

Figura 6.24. Curvas llave para medir Δ**a**.

arreglando los términos, el incremento de crecimiento de fisura puede ser expresado como una función del cambio de carga:

$$da = \frac{\dfrac{b^2}{W^2}\dfrac{\partial F_1}{\partial \dfrac{v_{pl}}{W}}\,dv_{pl} - dP}{\dfrac{2b}{W}F_1 - \dfrac{b^2}{W^2}\dfrac{\partial F_1}{\partial \dfrac{a}{W}}} \qquad (6.62)$$

El desarrollo de la función **F$_1$** requiere una calibración previa. Como las derivadas parciales pueden diferir en comportamientos elásticos y plásticos para algunas geometrías, se redujeron las ecuaciones anteriores a sus componentes plásticas.

Las *key curves* son desarrolladas para longitud de fisura constante. Entonces, en ensayos sobre una probeta prefisurada puede asumirse que la desviación de la **KC** base se debe a crecimiento de fisura, y la desviación de carga, **dP**, puede ser usada en la ecuación (6.62) para cuantificar la cantidad de crecimiento de fisura. Los puntos de intersección del registro carga-desplazamiento con la **KC** de calibración, ilustrados en la Figura 6.24, indican el camino de crecimiento de fisura. En los puntos de intersección se puede calcular el valor correspondiente de **J** usando el valor instantáneo de **a** y la **KC**.

La carga normalizada bajo la forma de función **F$_1$** puede ser desarrollada tanto en forma analítica como experimental. En forma analítica puede hacerse por tabulación de **F$_1$** y sus derivadas para las geometrías más comunes de probetas, usando el método de Elementos Finitos elastoplásticos, y para distintos valores de las constantes del modelo de Ramberg-Osgood.

La determinación experimental se puede hacer mediante el ensayo de varias probetas con *blunt notch* de tal manera de impedir el crecimiento estable de fisura. También se pueden ensayar probetas *subsize* prefisuradas que pueden admitir importante desplazamiento plástico antes del comienzo del crecimiento de grieta.

6.10 DESCRIPCIÓN DE ALGUNAS NORMAS PARA DETERMINAR J

6.10.1 J_{IC}: ASTM E 813-89.

El objetivo de la norma es determinar el valor de **J** cercano al comienzo de crecimiento estable de fisura. Emplea probetas de flexión en tres puntos (**SE(B)**) y compactas (**CT**) con relaciones **a/W** entre **0.5** y **0.75**, prefisuradas por fatiga. Se obtienen registros **P** vs. desplazamiento del punto de aplicación de la carga. Se calcula el valor de **J**:

$$J = J_{el} + J_{pl} \tag{6.63}$$

Para un punto con carga $\mathbf{P_i}$ y desplazamiento $\mathbf{v_i}$

$$J_i = \frac{K_i^2(1-v^2)}{E} + J_{pl_i} \tag{6.64}$$

con $\mathbf{K_i}$ de acuerdo a **ASTM E 399**

$$J_{pl_i} = \frac{\eta A_{pl_i}}{B_N b_0} \tag{6.65}$$

Para medir el crecimiento estable de fisura pueden usarse tanto técnicas de probetas múltiples por medio de teñido térmico, como de una sola probeta por medio de descargas parciales o alguna otra técnica alternativa.

Para establecer un punto de iniciación de crecimiento estable de fisura se grafican los pares de valores en un gráfico **J** vs. **Δa**, se trazan líneas de exclusión paralelas a la *blunting line* desplazadas 0.15mm y 1.5mm. Se eliminan también los puntos que superen

$$J_{max} = \frac{b_0 \, \sigma_y}{15} \tag{6.66}$$

Se aproxima una curva sobre los puntos válidos por cuadrados mínimos

$$\ln J = \ln C_1 + C_2 \ln \Delta a \tag{6.67}$$

La intersección de esta curva con la línea paralela a la *blunting line* con un corrimiento de 0.2mm define $\mathbf{J_Q}$. Este valor será $\mathbf{J_{IC}}$ si, además de otras condiciones, se cumple:

$$B \; ; \; b_0 > 25 \frac{J_Q}{\sigma_y} \tag{6.68}$$

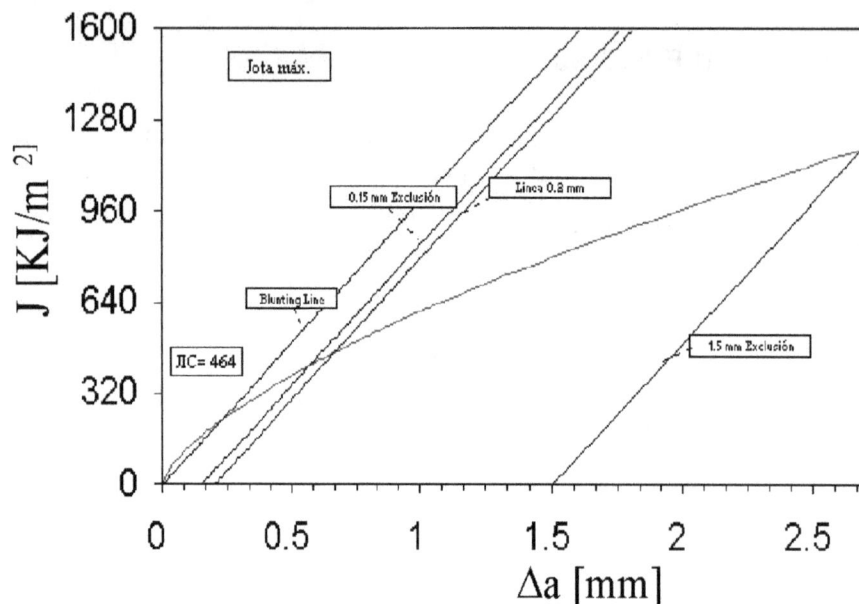

Figura 6.25. Determinación de J_{IC} por ASTM E813.

La Figura 6.25 muestra la región de datos válidos y el valor que corresponde a la determinación de J_{IC}. Nótese que éste no es el verdadero valor de **J** para el comienzo del crecimiento estable, sino que es un valor de uso ingenieril que realmente corresponde a un crecimiento estable de 0.2mm.

6.10.2 Curvas J-R: ASTM E 1152-87.

Las probetas y la metodología experimental son las mismas que en la norma ASTM E 813-89. Como en este caso no se pretende obtener solamente la primera parte de la curva R del material, sino el comportamiento bajo importante crecimiento estable de fisura, deben hacerse las correspondientes correcciones en el cálculo de los valores de **J**, para lo cual se usan las ecuaciones (6.22) a (6.26), así como hacer correcciones por rotación en las mediciones de *compliances*.

Los valores obtenidos están limitados por

$$J_{max} = \frac{b\sigma_y}{20} \qquad (6.69)$$

y

$$\Delta a = 0.1 b_0 \qquad (6.70)$$

Para casos donde el **J** calculado, el crecimiento estable de fisura, o ambos transgredan los límites anteriores, el parámetro J_M puede ser empleado.

La Figura 6.26 muestra el llamado "rectángulo de validez de **ASTM**".

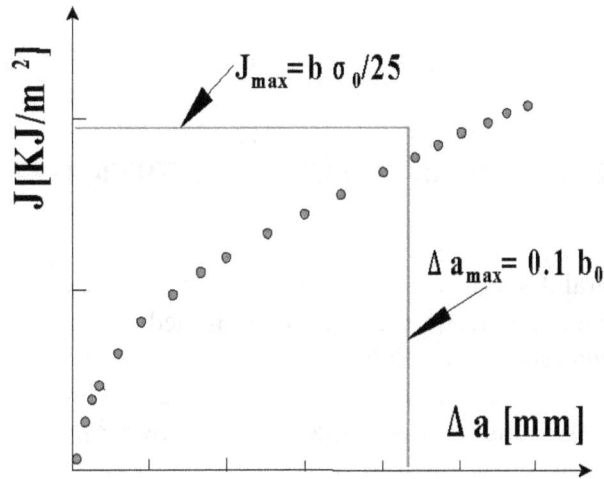

Figura 6.26. Curvas **J-R** según ASTM E1152-87.

6.10.3 ASTM E 1820-01.

Esta norma cubre procedimientos para la determinación de la tenacidad a la fractura de materiales metálicos usando los parámetros **K**, **J** y **CTOD**. La tenacidad puede medirse en formato curva **R** o como un único valor. Para **J**, está basada en las dos normas descriptas más arriba, debiéndose destacar las modificaciones en los límites de validez, ampliando el "rectángulo de validez de **ASTM**" a valores de crecimiento estable de fisura $\Delta a_{max} = 0,25\ b_0$.

6A APÉNDICE

INTEGRAL J: DEFINICIÓN MATEMÁTICA Y SIGNIFICADO FÍSICO

La idea de la integral **J** surgió a partir de Eshelby [6.52] en un trabajo publicado sobre el cálculo de fuerzas en fisuras estáticas y dinámicas de un medio elástico, y con una discusión sobre el balance de energía asociado con la propagación de una fisura. En este trabajo Eshelby definió una serie de integrales de contorno, independientes del camino, de las cuales la integral **J** es una de estas relaciones. También se acredita a Cherepanov [6.53] un estudio pionero sobre la integral **J**.

Si Eshelby y Cherepanov fueron los primeros en deducir una expresión para la integral **J**, sin duda alguna fue Rice [6.03] el primero en reconocer su uso potencial para la mecánica de fractura. A continuación se presenta una descripción simplificada del tratamiento desarrollado por Rice.

Considérese un cuerpo con una fisura interna sometido a una carga externa. Un balance de energía del tipo Griffith puede ser establecido:

$$U = U_0 + U_a + U_\gamma + (-F) \tag{6A.1}$$

U : cantidad total de energía de un cuerpo,

U_0: energía elástica del cuerpo sin fisura (constante),

U_a: variación de energía de deformación elástica del cuerpo causada por la introducción de la fisura,

U_γ: variación de energía superficial elástica, causada por la formación de las superficies de fisura,

F : trabajo realizado por las fuerzas externas.

La ecuación (6A.1) fue deducida para un cuerpo con comportamiento lineal elástico, pero puede ser extendida a un comportamiento no lineal. Además, puede demostrarse que, con algunas restricciones, el comportamiento no lineal puede ser usado para modelar el comportamiento plástico del material.

A partir de la ecuación anterior, la condición para la inestabilidad del cuerpo lleva a:

$$\frac{d}{da}(F - U_a) \geq \frac{dU_\gamma}{da} \tag{6A.2}$$

Por otro lado, la energía potencial U_p vale:

$$U_p = U_0 + U_a - F \tag{6A.3}$$

obteniéndose

$$\frac{dU_p}{da} = -\frac{d}{da}(F - U_a) \tag{6A.4}$$

Por definición, para un comportamiento lineal elástico, la ecuación anterior caracteriza la fuerza impulsora **G** para la extensión de la fisura. Para un comportamiento elástico no lineal se trabaja con el equivalente de **G**, que recibe el nombre de **J**. Entonces:

$$J = \frac{d}{da}(F - U_a) \qquad (6A.5)$$

que se puede reexpresar como

$$J = -\frac{dU_p}{da} \qquad (6A.6)$$

Esta ecuación nos da una interpretación física para **J**. Como **dF/da** representa la energía suministrada por las fuerzas externas por unidad de extensión de la fisura, y **dU$_a$/da** es el aumento de energía debido al trabajo externo **dF/da** realizado, **J** representa la variación de energía del cuerpo con el avance de la fisura. Una disminución **-dU$_p$/da** en la energía almacenada representa una pérdida de energía **J** para extender la fisura, de forma de alcanzar la energía **dU$_\gamma$/da** para un aumento de la superficie de fisura **da**. La Figura 6A.1 representa esquemáticamente esta interpretación.

El paso siguiente consiste en la determinación de una expresión para **-dU$_p$/da**, es decir, para obtener **J**.

Considérese un cuerpo fisurado, de espesor unitario, de acuerdo con la Figura 6A.2. Sobre el cuerpo hay un perímetro Γ con una superficie **A**. Una tracción $\vec{T}$ actúa en un elemento **ds** del perímetro y representa un trabajo externo de cantidad ΔF. También el cuerpo está sometido a desplazamientos, representados por el vector desplazamiento $\vec{u}$.

De la ecuación (6A.3) se puede calcular la energía potencial **U$_p$**. En esta ecuación **U$_0$+U$_a$** representan la energía de deformación total contenida en el cuerpo. Considerando la definición de la densidad de energía de deformación

$$U_0 + U_a = \iint_A w\,dx\,dy \qquad (6A.7)$$

También **F** puede ser representado a través del vector tracción:

$$F = \int_\Gamma \vec{T}ds \cdot \vec{u} \qquad (6A.8)$$

Llevando (6A.7) y (6A.8) a (6A.3)

$$U_p = \iint_A w\,dx\,dy - \int_\Gamma \vec{T}ds.\vec{u} \qquad (6A.9)$$

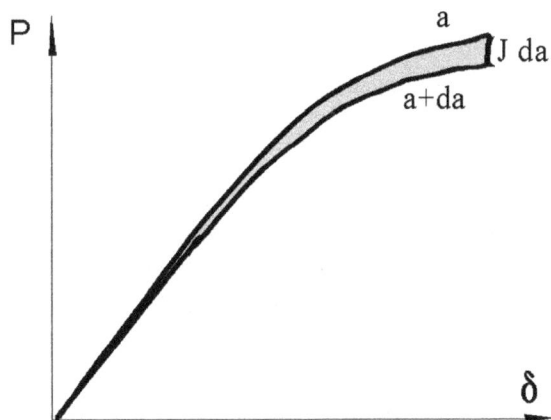

Figura 6A.1. Interpretación física de **J**.

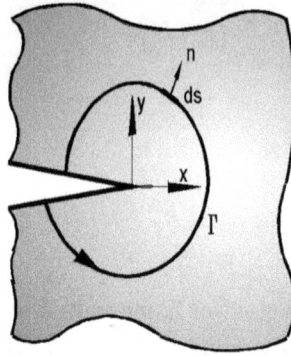

Figura 6A.2. Convenciones para **J**.

Considerando $\vec{T}$ constante

$$\frac{dU_p}{da} = \iint_A \frac{\partial w}{\partial a} dx\,dy \; - \; \int_\Gamma \vec{T} \cdot \frac{\partial \vec{u}}{\partial a} ds \qquad (6A.10)$$

De acuerdo a la Figura 6A.2, el sistema de coordenadas fue tomado de manera que el origen se sitúa en la punta de la fisura. Si el perímetro es fijo, entonces **da = - dx**, y por lo tanto será **d /da = - d /dx**. Entonces

$$\frac{dU_p}{da} = \; - \iint_A \frac{\partial w}{\partial x} dx\,dy \; + \; \int_\Gamma \vec{T} \cdot \frac{\partial \vec{u}}{\partial x} ds \qquad (6A.11)$$

Recordando que el teorema de Green permite expresar una integral de línea a lo largo de un camino cerrado como una integral doble de área encerrada por ese camino:

$$\int_\Gamma [P\,dx \; + \; Q\,dy] = \iint_A \left[\frac{\partial Q}{\partial x} \; - \; \frac{\partial P}{\partial y}\right] dx\,dy \qquad (6A.12)$$

Aplicándolo a nuestro caso

$$- \frac{dU_p}{da} = J = \int_\Gamma [w\,dy \; - \; \vec{T}.\frac{\partial \vec{u}}{\partial x} ds] \qquad (6A.13)$$

Esta es la definición matemática para la integral **J**.

Puede demostrarse que para un contorno cerrado el valor de la integral es nulo, y por lo tanto el valor de **J** es independiente del camino elegido.

Es importante volver a comentar que Rice aplicó la teoría de deformación de plasticidad y no plasticidad incremental. En otras palabras, las tensiones y las deformaciones en un cuerpo plástico o elastoplástico son consideradas idénticas a las de un cuerpo elástico no lineal con la misma curva tensión-deformación. Esto significa que la curva es **reversible** y por lo tanto la energía entregada al cuerpo cuando el mismo es cargado, es devuelta cuando se retira la carga. Pero la deformación plástica es un fenómeno **irreversible**, siendo disipada la energía entregada al cuerpo en deformación plástica no recuperable.

Hay compatibilidad entre el modelo y el comportamiento real de los materiales elastoplásticos siempre que no haya descargas, incluyendo las que ocurren en la zona que queda detrás de la punta de una fisura que crece.

REFERENCIAS

6.01   Hutchinson J. W., "Singular Behavior at The End of Tensile Crack in a Hardening Material". *J. Mech. & Physics of Solids*, **16**(1):13-31 (1968).

6.02   Rice J. R., Rosengren C. F., "Plane Strain Deformation Near a Crack tip in a Power Law Hardening Material". *J. Mech. & Physics of Solids*, **16**(1):1-12 (1968).

6.03   Rice J. R., "A Path Independent Integral and The Approximate Analysis of Strain Concentration by Notches and Cracks". *J. Appld. Mech.*, **55**(E2):379-386 (1968).

6.04   Begley J. A., Landes J. D., "The **J** Integral as a Fracture Criterion". *ASTM STP 514*:2-23 (1972).

6.05   Landes J. D., Begley J. A., "Test Results from **J**-Integral Studies. An Attempt to Establish a $\mathbf{J}_{IC}$ Testing Procedure", *ASTM STP 560*:170-186 (1974).

6.06   Pisarski H. G., "Influence of Thickness on Critical Crack Opening Displacement (**COD**) and **J** Values". *Int. J. Fracture,* **10**:427-440 (1974).

6.07   Perez Ipiña J. E., Toloy H. L., "Effect of Several Physical and Mechanical Variables on the Relation Between **COD** and **J**". *Engng. Fracture Mech.*, **24**(1):1-9 (1986).

6.08   Shih C. F., "Relationships between the **J**-Integral and Crack Opening Displacement for Stationary and Extending Cracks". *General Electric Report* No. 79CRD075 (1979).

6.09   McCabe D. E., "**COD** Concepts in R-Curve Testing". *The Crack Tip Opening Displacement in Elastic-Plastic Fracture Mechanics*, pp81-113 (1986).

6.10   Landes J. D., Begley J. A., "The Effect of Specimen Geometry on $\mathbf{J}_{IC}$". *ASTM STP 514*:24-39 (1972).

6.11   Rice J. R., Paris P. C., Merkle J. G., "Some Further Results of **J**-Integral Analysis and Estimates". *ASTM STP 536*:170-186 (1974).

6.12   Committee E-24 ASTM. "ASTM E-813-81. Standard Test for $\mathbf{J}_{IC}$. A Measure of Fracture Toughness". *Annual Book of ASTM Standards*. V. 03.01:Part 10 (1981).

6.13   Committee E-24 ASTM. "ASTM E-813-87. Standard Test for $\mathbf{J}_{IC}$. A Measure of Fracture Toughness". *Annual Book of ASTM Standards*, V. 03.01:968-990 (1987).

6.14   Committee E-24 ASTM. "ASTM E-1820-017. Standard Test Method for Measurement of Fracture Toughness". *Annual Book of ASTM Standards*: Section 3. V. 03.01 (2002).

6.15   European Structural Integrity Society, "ESIS Recommendations for Determining the Fracture Resistance of Ductile Materials". *Documento ESIS PI-92* (1992).

6.16   Merkle J., Corten H., "A **J**-Integral Analysis for the Compact Specimen Considering Axial Force as Well as Bending". *J. Pressure Vessel Tech.*, **96**:286-292 (1974).

6.17   Sumpter J. D. G., Turner C. E., "Method for Laboratory Determination of $\mathbf{J}_C$", *ASTM STP 601*:3-18(1976).

6.18   Clarke G. A., Landes J. D., "Evaluation of the **J** Integral for the Compact Specimen". *JTEVA* **7**(5):264-269 (1979).

6.19   Ernst H. A., Paris P. C., Landes J. D., "Estimation on **J**-Integral and Tearing Modulus **T** from a Single Specimen Test Record". *ASTM STP 803* Vol II:476-502 (1981).

6.20   Wang D. Y., Mc Cabe D. E., "Investigation of **R-Curve** Using Comparative Tests with Center-Cracked-Tension and Crack-Line Wedge-Loaded Specimens". *ASTM STP 590*:5-36 (1976).

6.21   Mc Cabe D. E., Landes J. D., Ernst H., "An Evaluation of the **J-R Curve** Method for Fracture Toughness Characterization". *ASTM STP 803* Vol II:562-581 (1983).

6.22   Rousselier G., "Interrupted Test Method: The Effect of Specimen Geometry". *Proc. CSNI Ductile Fracture Test Methods Workshop*. Paris:123-126 (1983).

6.23   Joyce J. A., Davis D. A., Hackett E. M., Hays R. A., "Application of **J**-Integral and Modified **J**-Integral to Cases of Large Crack Extension". *ASTM STP 1074*:85-105 (1990).

6.24   Ernst H. A., "Recent Developments in Elastic-Plastic Crack Growth Characterization". *ASTM STP 1131*:136-157 (1992).

6.25   Shih C. F., deLorenzi H. G., Andrews W. R., "Studies on Crack Initiation and Stable Crack Growth". *ASTM STP 668*:65-120 (1979).

6.26   Mc Meeking R. M., Parks D. M., "On Criteria for **J**-Dominance of Crack-Tip Fields in Large-Scale Yelding". *ASTM STP 668*:175-194 (1979).

6.27   Shih C. F., German M. D., "Requirements for a One Parameter Characterization of Crack Tip Fields by the HRR Singularity". *Int. J. of Fracture*, **17**:27-43 (1981).

6.28   Hutchinson J. W., Paris P. C., "Stability Analysis of **J**-Controlled Crack Growth". *ASTM STP 668*:37-64 (1979).

6.29   Davies D. A.,Vassilaros M. G., Gudas J. P., "Specimen Geometry and Extended Crack Growth Effects on J$_1$-R Curve Characteristics for HY 130 and ASTM A-533 B Steels". *ASTM STP 803* Vol II:582-610 (1983).

6.30   Rice J. R., Tracey D. M., "On the Ductile Enlargement of Voids in Triaxial Stress Fields". *J. Mech. Phys. & Solids* **17**:201-217 (1969).

6.31   Gurson A. L., "Continuum Theory of Ductile Rupture by Void-Nucleation and Growth: Part I -Yield Criteria and Flow Rules for Porous Ductile Media". *J. Engng Mat. Technol.* **99**:2-15 (1977).

6.32   Hancock J. W., Reuter W. G., Parks D. M., "Constraint and Toughness Parametrized by T". *ASTM STP 1171*: 21-40 (1993).

6.33   Rice J. R., "Limitations to the Small Scale Yielding Approximation for Crack Tip Plasticity". *Journal of The Mechanics and Physics of Solids*:**22**,17-26 (1974).

6.34   Shih C. F., O'Dowd N. P., Kirk M. T., "A Framework for Quantifying Crack Tip Constraint". *ASTM STP 1171*: 2-20 (1993).

6.35   Kirk M. T., Koppenhoefer K. C., Shih C. F., "Effect of Constraint on Specimen Dimensions Needed to Obtain Structurally Relevant Toughness Measures". *ASTM STP 1171*:79-103 (1993).

6.36   Chao Y. J., Yang S., Sutton M. A., "On the Fracture of Solids Characterised by One or Two Parameters: Theory and Practice". *J. Mech, Phys. Solids* **42**:629-647 (1994).

6.37   Schwalbe K.-H., Heerens J., "R-Curve Testing and its Relevance to Structural Assessment". *Fatigue & Fracture Engng. Mat. Structures* **21**:1259-1271 (1998).

6.38   Ernst H. A., "Material Resistance and Instability Beyond **J**-Controlled Crack Growth". *ASTM STP 803* Vol II:191-213 (1983).

6.39   Ernst H. A., "Further Developments on the Modified J-Integral". *ASTM STP 995* Vol II:306-319 (1989).

6.40   Paris P. C., Tada H., Zahoor A., Ernst H., "The Theory of Instability of the Tearing Mode of Elastic-Plastic Crack Growth". *ASTM STP 668*:5-36 (1979).

6.41   Paris P. C., Tada H., Ernst H. A., Zahoor A., "Initial Experimental Investigation of Tearing Instability Theory". *ASTM STP 668*:251-265 (1979).

6.42   Clarke G. A., Andrews W. R., Paris P. C., Schmidt D. W., "Single Specimen Tests for **J**$_{IC}$ Determination". *ASTM STP 590*:17-42 (1976).

6.43   Clarke G. A., Landes J. D., "Toughness Testing of Materials by **J**-Integral Techniques". *Proc. 106th AIME Annual Meeting*:79-111 (1979).

6.44   Perez Ipiña J. E., "Unloading Compliance Method with Normal Instrumentation. Rotation Corrections". *Engng. Fracture Mech.*, **36**(5):797-804 (1990).

6.45   McIntyre P., Elliot D., "A Technique for Monitoring Crack extension During **C. O. D.** Measurement". *Report MG/15/72*, British Steel Corporation (1972).

6.46   Schwalbe K.-H., Hellmann D., Heerens J., Knaak J., Müller-Roos J., "Measurement of Stable Crack Growth Including Detection of Initiation of Growth Using the **DC** Potential Drop and the Partial Unloading Methods". *Proc. CSNI Ductile Fracture Test methods Workshop*. Paris:18-53 (1983).

6.47   Wallin K., Saario T., Averkari P., Törrönen K., "Simultaneous Measurement of Crack Extension by Unloading Compliance and Potential Drop Methods". *Proc. CSNI Ductile Fracture Test methods Workshop*. Paris:61-62(1983).

6.48   Mc Cabe D. E., Heyer R. H., "R-Curve Determination Using Crack-Line-Wedge Loaded (CLWL) Specimen". *ASTM STP 527*:17-35 (1971).

6.49   Manzione P., Perez Ipiña J. E., "Sensitivity Analysis of the Double Clip Gauge Method". *Fatigue & Fracture of Engng. Mat. Structures*, **14**(9):887-896 (1991).

6.50   Landes J. D., Mc Cabe D. E., "Experimental Methods for Post-Yield Fracture Mechanics". Westinghouse R & D *Scientific Paper 83-ID7-METEN-P6*:3.10-3.12 (1983).

6.51   Ernst H. A., Paris P. C., Rossow M., Hutchinson J. W., "Analysis of Load-Displacement Relationship to Determine J-R Curve and Tearing Instability Material Properties". *ASTM STP 677*:581-599 (1979).

6.52   Eshelby J. D., "The Force on an Elastic Singularity". *Phil. Trans. Royal Soc.* **244**:87-112 (1951).

6.53   Cherepanov G. P. "Crack Propagation in Continuous Media". *J. Appld. Mech.* **31**:503-512 (1967).

Capítulo 7

Transición dúctil frágil

7.1 INTRODUCCIÓN

Los metales que tienen una estructura cristalina cúbica centrada en el cuerpo (**bcc**), los polímeros y los cerámicos, exhiben una transición en el modo de fractura: por clivaje en temperaturas bajas, por desgarramiento dúctil a mayores temperaturas, y mixto en la región de transición propiamente dicha (Figura 7.1). Este comportamiento, típico de los aceros estructurales, ha sido intensivamente estudiado por más de 50 años y debería parecer absurdo considerar que más trabajo y comprensión son necesarios. Ahora bien, la mayoría del trabajo hecho hasta hace unos treinta años ha sido de naturaleza empírica, involucrando ensayos de impacto, usando una variedad de diseños de probetas y esquemas de medición. La correlación entre el comportamiento de una probeta y la experiencia de fallas en servicio ha resultado en guías útiles para el control de la fractura [7.01], pero sólo los desarrollos recientes en mecánica de fractura elastoplástica han brindado una mejor herramienta para evaluar las diferentes variables involucradas en esta región de transición. [7.02]

La caracterización y la predicción de la tenacidad a la fractura en la zona de transición dúctil frágil para aceros ferríticos es uno de los problemas más importantes que permanecen abiertos en mecánica de fractura. [7.03] Hay una gran necesidad tecnológica de cerrar este tema por cuanto al presente la tenacidad a la fractura de materiales de recipientes a presión está siendo establecida por correlaciones empíricas basadas en valores de límite inferior (*lower bound*) de ensayos K_{IC} o K_{Ia}, tanto para metal base como para material de soldadura correspondientes a una muy amplia cantidad de aceros empleados. Además de que la validez de la representatividad como *lower bound* ha sido repetidas veces puesta en duda a partir de nuevos datos generados,

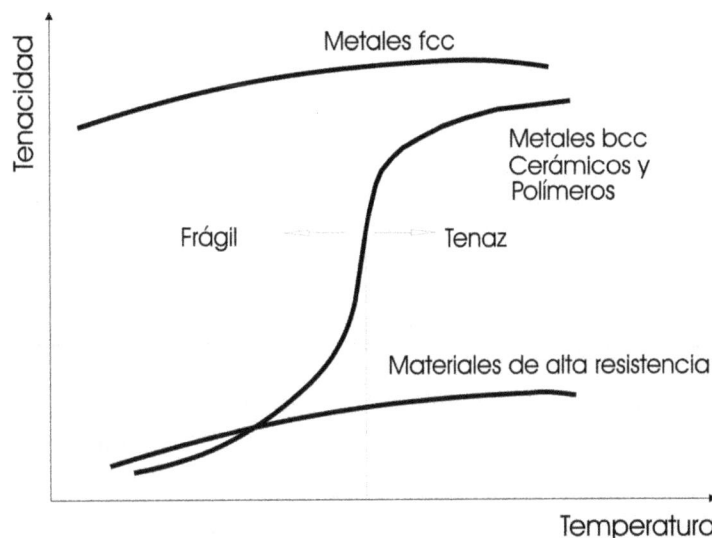

Figura 7.1. La transición dúctil frágil para distintos materiales.

el mayor problema para una aplicación más precisa de mecánica de fractura ha sido que es impráctico obtener valores *lower bound* válidos de cada material individual, habiendo sido adoptada por necesidad una curva universal. El margen de error es importante, por lo que se emplean grandes coeficientes de seguridad para cubrir las incertidumbres. Se están acercando los tiempos en que muchos reactores deberán ser evaluados a fin de extender su vida útil, por lo que es necesaria una medición más precisa de la tenacidad a la fractura.[7.04]

En la transición, el ensayo de una probeta mostrará típicamente un registro carga-desplazamiento no lineal, debido a la plasticidad, y quizá algo de crecimiento estable de fisura, interrumpido abruptamente por la ocurrencia de una súbita falla por clivaje (Figura 7.2). El área bajo el registro carga-desplazamiento puede ser evaluado a través de **J**, denominándose **J$_C$** o **J** al clivaje. También puede obtenerse el parámetro **CTOD**.

Este fenómeno tiene directa relación con la elevación de la tensión de fluencia al disminuir la temperatura, logrando así que en las inmediaciones de la punta de la fisura se alcancen tensiones de tracción suficientes como para iniciar el proceso de fractura frágil (Figura 7.3). En la zona superior será necesario un mayor endurecimiento por deformación plástica, que puede estar acompañado o no de crecimiento estable de fisura. Incluso, en algunos casos, puede no producirse la fractura frágil antes de alcanzarse la carga máxima.

Fractura por clivaje y fractura dúctil parecen ser fenómenos de alguna forma independientes, de tal manera que el clivaje puede ocurrir antes o después de **J$_{IC}$**, en algún punto de la curva de resistencia J-R. Paris y colaboradores [7.05] definen al clivaje como un fenómeno de inestabilidad local del material a escala microscópica, mientras que la inestabilidad dúctil estaría asociada con las condiciones globales del sistema, tales como *compliance* y geometría. En la Figura 7.4 se puede observar una interpretación algo más elaborada de las categorías de comportamiento de la tenacidad en la transición dada por Landes y McCabe.[7.02]

Además de esta variación de tenacidad con la temperatura, en la transición se dan también una muy importante dispersión en los valores de tenacidad y un efecto de tamaño, tal como se muestra en la Figura 7.5.

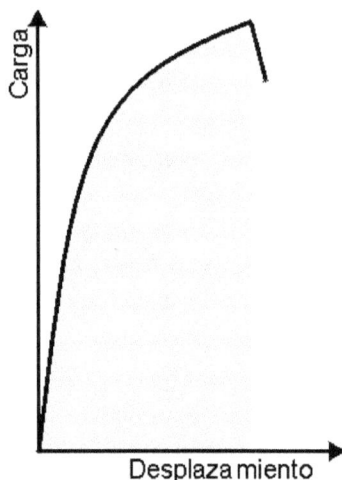

Figura 7.2. Típico registro de ensayo en transición.

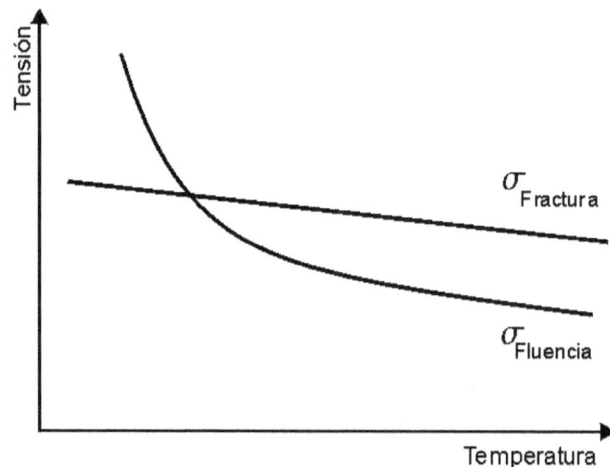

Figura 7.3. Competencia entre los mecanismos dúctil y frágil.

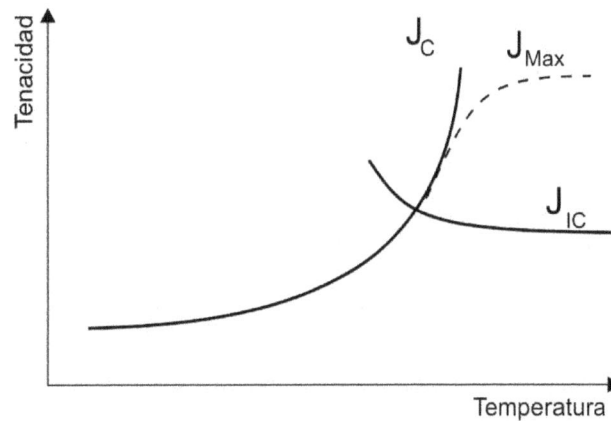

Figura 7.4. Curva de transición de tenacidad a la
fractura.

7.2 TEORÍA ESTADÍSTICA

La interpretación del fenómeno se hizo originariamente a través de la formulación de dos teorías. Una primera teoría explicaba el citado comportamiento en términos de un relativamente menor *constraint* de las probetas pequeñas, mostrando consecuentemente valores más altos de tenacidad.[7.06] Dicha teoría justificó el método de la *British Standard Institution* para los ensayos **COD**[7.07], donde se sugería que las condiciones de restricción a la deformación quedaban totalmente simuladas en la probeta con la utilización del mismo espesor que en servicio. De acuerdo con esta hipótesis, no se puede predecir la tenacidad de determinado tamaño mediante el ensayo de probetas más pequeñas.

La segunda teoría, introducida por Landes y Shaffer [7.08], propone un modelo estadístico en base a la mayor dispersión que presentan los ensayos sobre espesores menores.[7.09] Dicho modelo sugiere que pequeñas probetas permitirían caracterizar la tenacidad en grandes espesores. De acuerdo con estos autores, la tenacidad no es constante en el frente de fisura, y la inestabilidad no estaría gobernada por la tenacidad promedio, sino por el punto de valor mínimo. En una probeta grande habría una probabilidad mayor de encontrar puntos de baja tenacidad que en una pequeña, lo que traería aparejada una menor dispersión. Los extremos inferiores de las dispersiones coincidirían para los diferentes tamaños (Figura 7.5 y Figura 7.6).

La dispersión y el efecto de tamaño en la tenacidad a la fractura son actualmente explicados por medio de la teoría de *weakest link*: se asume que regiones pequeñas de muy baja tenacidad, llamadas *weak links*, están distribuidas aleatoriamente en el material. La falla ocurre si en uno de estos *weak links* se alcanza la tensión crítica. Las tensiones delante de la punta de la fisura tienen un pico característico que se ensancha y desplaza hacia el ligamento a medida que la carga crece. La carga para la fractura depende de la ubicación del *weak link* en el volumen delante de la prefisura por fatiga y de la tensión crítica del *weak link* involucrado. Puede ocurrir algo de deformación plástica o aun crecimiento estable de fisura antes de que tenga lugar el clivaje.[7.10]

Además de la gran dispersión, la teoría del *weakest link* también explica el efecto de tamaño de probeta como un incremento de la longitud del frente de fisura (por incremento del espesor de la probeta) que trae como consecuencia un incremento del volumen altamente tensionado que está delante de la punta de la fisura. Esto aumenta la probabilidad de encontrar

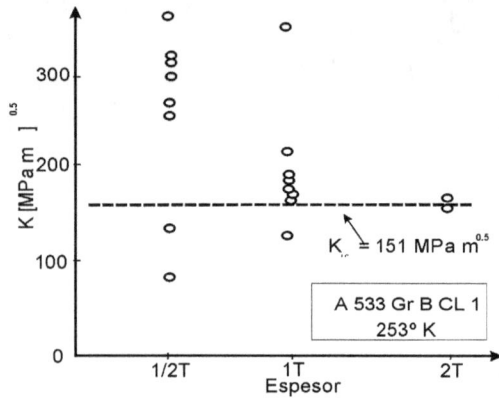

Figura 7.5. Resultados de ensayos para
distintos tamaños de probeta.

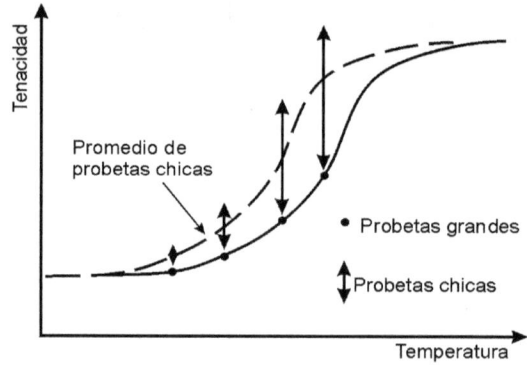

Figura 7.6. La transición incorporando el
efecto de tamaño en la dispersión.

un *weak link*, de tal manera que es esperable que un espesor grande presente una menor tenacidad que uno pequeño. En comparación con una fisura estacionaria, el crecimiento estable de fisura afecta el volumen de material altamente tensionado y deformado plásticamente delante de la punta y también puede influenciar el disparo del clivaje. [7.10]

Landes y Shaffer [7.08] aplicaron la función distribución de Weibull de dos parámetros (ver Apéndice) a los resultados de inestabilidad J_C provenientes de los ensayos con probetas chicas. La probabilidad de que J_C sea mayor que J está dada por:

$$[1 - F_I(J)] = e^{-\left(\frac{J}{c}\right)^b} \tag{7.1}$$

Para espesores **N** veces mayores :

$$[1 - F_N(J)] = e^{-N\left(\frac{J}{c}\right)^b} \tag{7.2}$$

donde **N** es denominado factor de tamaño.

Entonces, habiendo determinado la distribución de Weibull con el cálculo de los parámetros **c** y **b** de la ecuación (7.1), usando los valores experimentales de ensayos de probetas pequeñas, por medio de la ecuación (7.2) y los valores **c** y **b**, podemos calcular la distribución estadística de resultados que nos darían los ensayos sobre probetas que tienen una relación de tamaño **N**. La aplicabilidad es clara: ensayando probetas pequeñas podemos conocer la tenacidad de tamaños mayores.

Lamentablemente con el modelo de dos parámetros de Weibull, el valor medio de inestabilidad J_C tiende a cero para tamaños extremadamente grandes. Landes *et al*. propusieron que existe un límite inferior de tenacidad J_C aun en el caso en que el tamaño de la probeta crezca indefinidamente. Este límite inferior puede ser tenido en cuenta a través del tercer parámetro de Weibull, **a** (**a**=**J₀** para Landes *et al*.)[7.02] (Figura 7.7) donde, por razones didácticas se ha representado la función densidad de probabilidad (ver Apéndice).

El gráfico de Weibull mostrado en la Figura 7.8 permite obtener los parámetros **c** y **b** siempre y cuando se ajuste a él una recta cuya pendiente es precisamente el parámetro **b**. Los valores de **F (J_C)** en función de **J_C** dan una representación no lineal sobre el gráfico de Weibull,

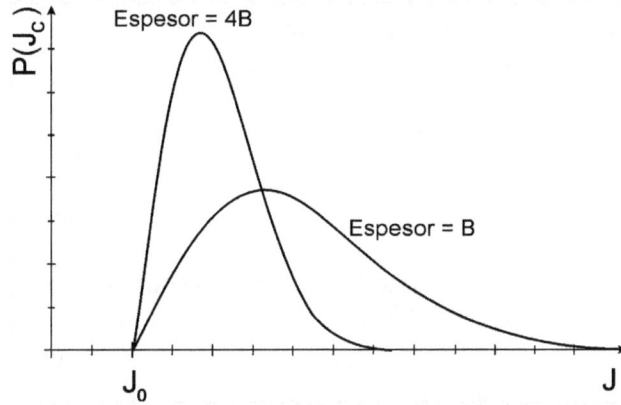

Figura 7.7. Funciones densidad de probabilidad 3P-
Weibull, para dos espesores.

por lo tanto el tercer parámetro permite optimizar el ajuste de la recta de regresión. De esta manera las ecuaciones (7.1) y (7.2) modifican a:

$$[1 - F_1(J)] = e^{-\left(\frac{J-J_0}{\theta-J_0}\right)^b} \qquad (7.3)$$

$$[1 - F_N(J)] = e^{-N\left(\frac{J-J_0}{\theta-J_0}\right)^b} \qquad (7.4)$$

donde: $\theta = J_0 + c$.

En la Figura 7.7 están representadas las derivadas de las ecuaciones (7.3) y (7.4) (funciones densidad de probabilidad), la primera con los parámetros obtenidos de resultados experimentales [7.11], y la segunda con la distribución calculada con los parámetros de la ecuación (7.3) para un espesor mayor (N = 4), donde puede apreciarse cómo disminuyen la dispersión y la media para probetas mayores, mientras que el valor umbral se mantiene.

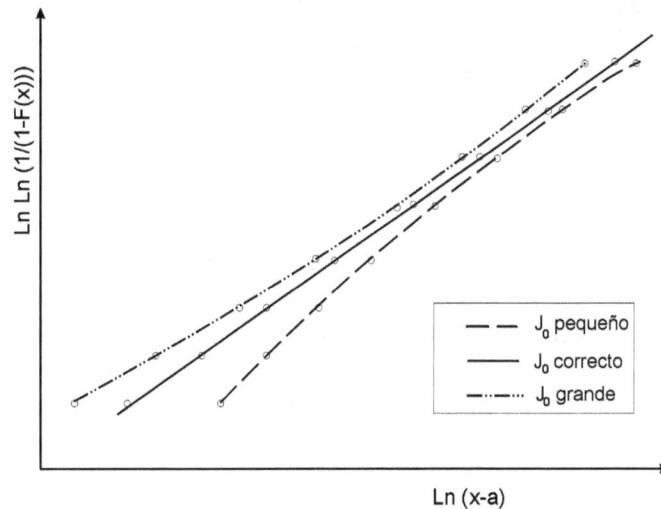

Figura 7.8. Gráfico de Weibull.

Recientemente McCabe *et al.*[7.04] propusieron usar una distribución de Weibull de tres parámetros, pero expresada en términos de **K** en lugar de **J**:

$$P_f = 1 - e^{-\left(\frac{K_{JC}-K_0}{q-K_0}\right)^b}$$ (7.5)

Según Wallin,[7.12, 7.13] parece ser que tanto la pendiente **b** como el umbral K_0 tienden a ser constantes, con valores 4 y 20 MPa.m$^{1/2}$ respectivamente. Entonces sólo sería necesario determinar el factor de escala **q**. McCabe [7.04] entonces postuló que, para una dada temperatura, la cantidad de ensayos necesarios para tener una medida aceptable podría reducirse a sólo 6 probetas, frente a un número mucho mayor cuando hay que determinar los tres parámetros.[7.14, 7.15]

Según sea la temperatura, distintos son los mecanismos de clivaje. A bajas temperaturas hay un daño crítico donde el material desarrolla numerosas pequeñas grietas de clivaje al ser cargado, ninguna de las cuales tiene suficiente *crack drive* para iniciar el clivaje a macro escala. Para que ello ocurra, varias de estas zonas deben unirse para activar la condición de inestabilidad por clivaje. Como hay muchos sitios de iniciación, no habría efecto de tamaño y el *weakest link* no sería aplicable. A temperaturas mayores, el material desarrolla comportamiento tipo *weak link* debido a que la densidad de puntos disparadores de clivaje es reducida.[7.16]

De acuerdo con Heerens *et al.*[7.10], la dispersión puede ser modelada usando estadística de Weibull siempre que:

a) No haya crecimiento estable de fisura antes de la fractura. Una fisura que crece causa un mayor volumen de material alcanzado por las tensiones pico que en una fisura estática, por lo que se incrementa la probabilidad de fractura.

b) El *constraint* de la probeta no cambie durante el ensayo. Si se produce una reducción, disminuye la tensión pico, reduciéndose la probabilidad de clivaje.

Ellos definen dos zonas, **A** y **B** (Figura 7.9). En régimen **A,** la distribución de Weibull describe adecuadamente los fenómenos que ocurren, mientras que en régimen **B** hay, además, efectos de crecimiento estable de fisura y pérdida de *constraint*. Proponen acotar estos efectos usando condiciones geométricas fijas: probetas C(T) con entallas laterales y ligamento remanente cuadrado.

Wallin [7.17] propuso también una curva universal de transición de K_{JC} en función de la temperatura, llamada *master curve*. La misma está basada en ensayos de probetas de espesor **B=1"** (u obtenidos por alguna equivalencia de ensayos de probetas de otro tamaño). Este concepto es una continuación del empleado por ASME para obtener curvas *lower bound* para K_{IC} y K_{Ia} en recipientes a presión. La *master curve* aplicada a valores medios de K_{JC} se expresa como (Figura 7.9):

$$K_{JC} = 30 + 70 e^{0.019(T-T_0)}$$ (7.6)

con **K** en unidades de MPa.m$^{1/2}$. T_0 es la temperatura de referencia para posicionar la curva sobre la abscisa. Es la temperatura donde el valor medio $K_{JC} = 100$ MPa.m$^{1/2}$. A diferencia de los usos anteriores de temperaturas de referencias, en este caso T_0 tiene base estrictamente en datos obtenidos con ensayos de mecánica de fractura, e incorpora la dispersión de la tenacidad en la transición dúctil frágil.

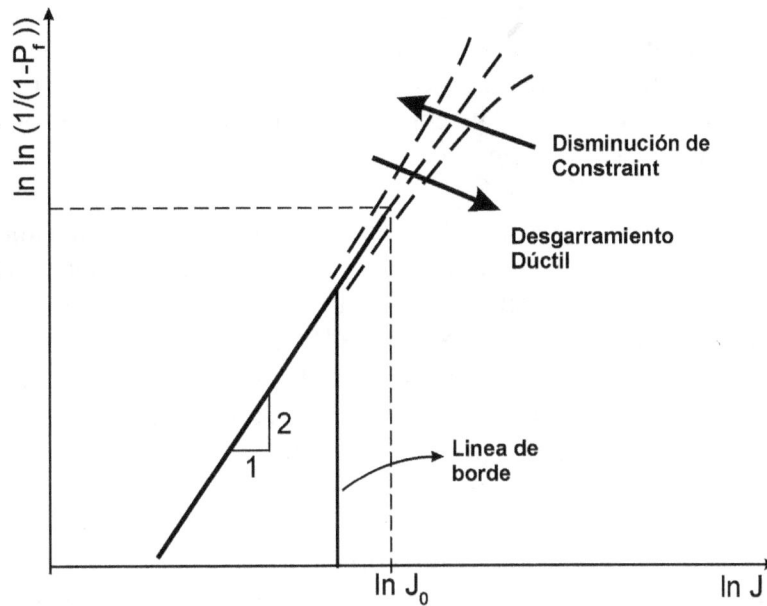

Figura 7.9. Efectos de *constraint* y Δa en la distribución de
Weibull.

7.3 MÉTODOS NORMALIZADOS

Debido a que es difícil atribuir un significado apropiado a los resultados de los ensayos en esta región, no ha habido hasta hace pocos años demasiados intentos de normalizar un procedimiento de medición del parámetro J_C.[7.18] La *British Standard Institution*, al normalizar el ensayo **CTOD**[7.07], lo hizo aplicable tanto al *upper shelf* como a la zona de transición, por medio de los parámetros δ_c, δ_u y δ_m, que son los valores de **CTOD** para clivaje antes o después del crecimiento estable y al comienzo del *plateau* de carga máxima, respectivamente. La condición que impone esta norma es realizar los ensayos con probetas del mismo espesor que el empleado en la estructura.

La *European Structural Integrity Society*, ESIS, en su documento ESIS P2-92[7.24], establece que, dado que hay evidencia de considerable dependencia del tamaño, no se puede afirmar que

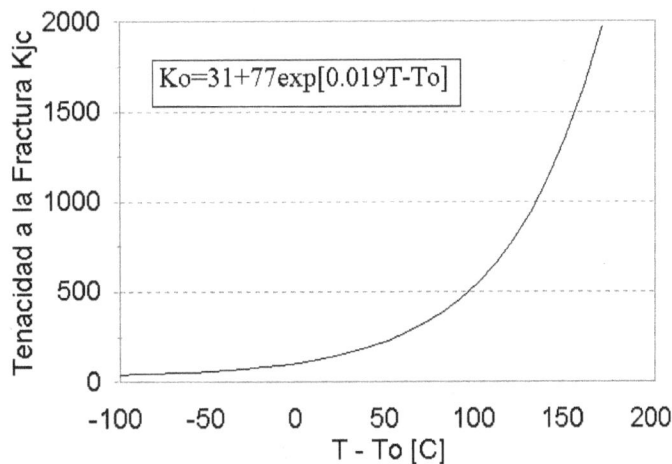

Figura 7.10. *Master curve* propuesta por Wallin.

los parámetros medidos en la zona de transición sean una propiedad del material. Si el espesor de las probetas es el mismo que el de la estructura en cuestión, y la orientación del plano de la fisura está correctamente modelado, no necesariamente debe cumplirse el requerimiento de validez como propiedad del material independiente del tamaño. De todas maneras, aclara, la relevancia y posterior uso de los parámetros medidos están fuera de los alcances de la norma. En base a las propuestas de McCabe *et al.* [7.04] y Heerens *et al.* [7.10], y haciendo uso de la *master curve* de Wallin, el GKSS-*Forschungszentrum* [7.25] elaboró un documento complementario del ESIS P2-92 [7.24] donde, entre otras cosas, propone un procedimiento de evaluación y análisis estadístico de los resultados en la zona de transición dúctil frágil.

De los ensayos normalizados por ASTM, el **CTOD** [7.19] es aplicable en esta zona, $\mathbf{J_{IC}}$ [7.20] y **J-R**[7.22] son utilizados para determinar propiedades de fractura por desgarramiento dúctil (sector superior de la curva de transición o *upper shelf*). En cambio $\mathbf{K_{IC}}$[7.23] caracteriza la tenacidad debajo de la temperatura de transición (*lower shelf*) y en el comienzo de la región de transición. En las partes media y superior de esta región, los tamaños de probeta necesarios para satisfacer los requerimientos de la E399 [7.23] son muy a menudo prohibitivamente grandes.

ASTM normalizó [7.21] recientemente un procedimiento basado en el concepto de la *master curve* de Wallin [7.17] similar a la modificación del ESIS P2. Este nuevo procedimiento requiere el uso de seis o más probetas, convierte los valores medidos de **Jc** en **K $_{JC}$** equivalentes, censurando resultados que no están de acuerdo con límites de tamaño. Una distribución 3P-Weibull con pendiente igual a 4 y umbral igual a 20 MPa.m$^{1/2}$ es usada para la determinación de un valor de tenacidad medio. Entonces queda fijada la posición de la *master curve* media y pueden realizarse análisis de probabilidad de falla en todo el rango de la transición.

7.4 EL *LOCAL APPROACH*

La importancia fundamental de la fractura frágil en la falla de materiales ha estimulado una cantidad creciente de investigación en metodologías basadas en micromecanismos para evaluar la integridad de componentes estructurales sujetos a diferentes condiciones de carga y medio ambiente. Estas metodologías, denominadas colectivamente *local approaches*, describen el proceso de clivaje desacoplado de los parámetros macroscópicos de tenacidad a la fractura ($\mathbf{J_C}$, $\mathbf{K_{JC}}$ o **CTOD**) para cuantificar la importancia de defectos en materiales y estructuras en servicio. Entre estos esfuerzos de investigación, el trabajo de Beremin [7.26] provee las bases para establecer una relación entre el microrrégimen de fractura y parámetros macroscópicos como $\mathbf{J_C}$ por medio de la introducción de la llamada tensión de Weibull (σ_w) como un parámetro probabilístico de fractura. Una característica del método de Beremin es que la tensión de Weibull sigue una distribución de Weibull de dos parámetros. Cuando es implementado en un programa de elementos finitos, el modelo de Beremin predice la evolución de la tensión de Weibull con la carga macroscópica aplicada para definir condiciones que lleven a una falla local del material.

$$P_0 = 1 - e^{-\left(\frac{\sigma_I}{\sigma_u}\right)^m} \quad , \quad \sigma_I \geq 0 \tag{7.7}$$

donde:

m: Módulo de Weibull,

σ_u: Parámetro de escala.

Desarrollos de transferencia de valores de tenacidad a la fractura elastoplástica se basan en que la tensión de Weibull es la *driving force*: la propagación inestable de una fisura se producirá a un valor crítico de esta tensión de Weibull. [7.26]

ADVERTENCIA

Como fue descripto en la introducción, la caracterización y la predicción de la tenacidad a la fractura en la zona de transición dúctil frágil es uno de los problemas más importantes que aún permanecen abiertos en mecánica de fractura. También es uno de los aspectos sobre los que se están haciendo muchos esfuerzos para llegar a comprenderlo. Por ello es que, además de no haber respuestas definitivas ni únicas, muchas de ellas son modificadas o superadas por nuevas propuestas o interpretaciones.

Por lo anterior, hacemos la salvedad sobre la posible pronta obsolescencia de lo expresado en este capítulo.

7A APÉNDICE

7A.1 La Función distribución de Weibull [7.27]

Esta función ha sido extensamente aplicada en problemas de ensayo de vida y confiabilidad. La misma puede ser considerada como una forma más generalizada de la función exponencial.

La función densidad de probabilidad de Weibull está dada por:

$$p(x) = \frac{b}{c} \pm \left(\frac{x-a}{c} \right)^{b-1} e^{-\left(\frac{x-a}{c}\right)^b} \qquad (7A.1)$$

para $x \geq a$; $c > 0$; $b > 0$
donde:

$p(x)$: densidad de probabilidad de Weibull,

x : variable de la población estadística,

b : pendiente de Weibull,

c : factor de escala,

a : parámetro umbral.

En general resulta más fácil trabajar con la distribución de probabilidad acumulada que es:

$$F(x) = \int p(x)dx = 1 - e^{-\left(\frac{x-a}{c}\right)^b} \qquad (7A.2)$$

donde:

$F(x)$: probabilidad de que un dado elemento de la población estadística tenga una propiedad menor que el nivel x.

El factor de escala, $c = x$ para $F(x) = 0,632$ (63%).

Cuando $a=0$ tendremos el caso particular de la distribución de Weibull en dos parámetros:

$$F(x) = 1 - e^{-\left(\frac{x}{c}\right)^b} \qquad (7A.3)$$

El valor medio de la distribución está dado por :

$$V_m(x) = a + c\,\Gamma\left(1 + \frac{1}{b} \right) \qquad (7A.4)$$

donde $\Gamma(k)$ conocida como función **Gamma**

$$\Gamma(k) = \int_0^\infty e^{-\gamma} e^{k-1} dy \qquad (7A.5)$$

con $k>0$

Integrando por partes la ecuación (7A.5)

$$\Gamma(k) = (k-1)\,\Gamma(k-1) \tag{7A.6}$$

Los parámetros de la función de Weibull pueden ser obtenidos de un gráfico de Weibull (*Weibull graph paper*).

Si arreglamos la (7A.2) de la siguiente forma:

$$\frac{1}{1-F(x)} = e^{\left(\frac{x-a}{c}\right)^b} \tag{7A.7}$$

y aplicando a (7A.7) dos veces logaritmo natural:

$$ln\;ln\left(\frac{1}{1-F(x)}\right) = b\,ln(x-a) - b\,ln(c) \tag{7A.8}$$

haciendo

$$ln\;ln\left(\frac{1}{1-F(x)}\right) = y_1 \tag{7A.9}$$

$$ln(x-a) = x_1 \tag{7A.10}$$

si: **A = b** y **B = - b ln(c)** la ecuación (7A.8) queda:

$$y_1 = Ax_1 + B \tag{7A.11}$$

Representando los datos en un gráfico con escalas dadas por (7A.9) y (7A.10), los parámetros **b** y **c** se pueden obtener ajustando una recta. El parámetro umbral, **a**, será el que optimice el ajuste de la recta.

REFERENCIAS

7.01   Pellini W. S., "Design Options for Selection of Fracture Control Procedures in the Modernization of Codes, Rules and Standards". *Proceedings of US-Japan Symposium on Application of Pressure Components Codes*, Tokyo (1973).

7.02   Landes J.D. and Mc Cabe D. E., "The Effect of Section Size on the Transtion Temperature Behaviour of Structural Steels". *Scientific paper 82-ID7-Metal-p2.* Westinghouse R.D. Center (1982).

7.03   Landes J. D., Heerens J., Schwalbe K. -H., Petrovski B., "Size, Thickness and Geometry Effects on Transition Fracture". *Fatigue & Fracture Engng Mat & Struct.* **16**(11):1135-1146 (1993)

7.04   McCabe D. E., Zerbst U., Heerens J., "Developmente of Test Practice Requirements for a Standard Method on Fracture Toughness Testing in the Transition Range". *Documento GKSS 93/E/81*, GKSS-Forschungszentrum Geesthacht GMBH (1993).

7.05   Paris P. C., Tada H., Zahoor A. and Ernst H., "The theory of Instability of the Tearing Mode of Elastic- Plastic Crack Growth". *ASTM-STP 668*: 5 36 (1979).

7.06   Dawes M.G., *Developments in Fracture Mechanics I.* Apld. Science Publishers Ltd. London, pp 20-24 (1979).

7.07   BS 5762: 1979, *Methods for Crack Opening Displacement (COD) Testing*. British Standard Institution.

7.08   Landes J.D. and Shaffer D. H., "Statistical Characterization of Fracture in the Transition Región". *ASTM STP 700* :368- 382 (1980).

7.09   Perez Ipiña J.E., Asta E., Toloy H.L., "Tenacidad a la Fractura en la Región Dúctil-Frágil". *Proc. COBEM 85.* S.J. Campos, SP, pp 849-852 (1985).

7.10   Heerens J., Zerbst U., Schwalbe K.-H., "Strategy for Characterizing Fracture Toughness in the Ductile to Brittle Transition Regime". *Fatigue & Fracture Engng Mat & Struct.* **16**(11):1213-1230 (1993).

7.11   Iwadate T., Tanaka y., Ono S. and Watanase J., "An Analysis of Elastic-Plastic Fracture Toughness Behavior for J_{IC} Measurement in the Transition Region". *ASTM STP 803*: II- 531, II- 561 (1983).

7.12   Wallin K., "The Size Effect in K_{IC} Results". *Engng,. Fracture Mechanics* **22**(1):149-163 (1985).

7.13   Wallin K., "The Scatter in K_{IC} Results". *Engng,. Fracture Mechanics* **19**(6):1085-1093 (1984).

7.14   Perez Ipiña J. E., Centurion S. M. C., Asta E. P., "Minimum Number of Specimens to Characterize Fracture Toughness in the Ductile-to Brittle Transition Region". *Engng. Fracture Mechanics* **47**(3):457-463 (1994).

7.15   Zerbst U., Heerens J., Schwalbe K.-H., "Estimation of Lower Bound Fracture Resistance of Pressure Vessel Steel in the Transition Regime". *Fatigue Fract. Engng Mater. Struct.* **16**(11):1147-1160 (1993).

7.16   Landes J. D., "A Two Criteria Statistical Model for Transition Fracture Toughness". *Fatigue Fract. Engng Mater. Struct.* **16**(11):1161-1174 (1993).

7.17   Wallin K., "Recommendations for Application of Fracture Toughness Data for Structural Integrity Analysis". *Proc. CSN/IAEA Specialists Meeting*. Oak ridge, Tenn. (1992).

7.18   Ohtsuka N., "J_{IC} Test Procedure in Transition Temperature Region". *Journal of the Society of Material Science* 33(360): 510-515 (1984) (en japonés).

7.19   ASTM E 1290-89, "Standard Test Method for Crack-Tip Opening Displacement (CTOD) Fracture Toughness Measurement". *Annual Book of ASTM Standards*, Vol 03.01:911-926 (1989).

7.20   ASTM E 1820-99, "Standard Test Method for Measurement of Fracture Toughness". *Annual Book of ASTM Standards*, Vol 03.01 (2002).

7.21   ASTM E 1921, "Standard Test Method for determination of Reference Temperature, T_0, for Ferritic Steels in the Transition Range". *ASTM Annual Book of Standards*, Vol. 03.01 (1997).

7.22   ASTM E 1152-87, "Standard Test Method for Determining **J-R** Curves". *Annual Book of ASTM Standards*, Vol 03.01:847-857 (1992).

7.23   ASTM E 399-90[e1], "Standard Test Method for Plane-Strain Fracture Toughness ($\mathbf{K_{IC}}$) of Metallic Materials". *Annual Book of ASTM Standards*, Vol 03.01:506-536 (1992).

7.24   ESIS P2-92, *ESIS Procedure for Determining the Fracture Behaviour of Materials*. European Structural Integrity Society (1992).

7.25   Schwalbe K.-H., Neale B. K., Heerens J., "The **GKSS** Test Procedure for Determining the Fracture Behaviour of Materials: **EFAM GTP 94**". *Documento GKSS 94/E/60.* GKSS-Forschungszentrum Geesthacht GmbH (1994).

7.26   Beremin F. M., "A Local Criterion for Cleavage Fracture of a Nuclear Pressure Vessel Steel". *Metallurgical Transactions A* **14A**: 2277-2287 (1983).

7.27   Weibull W., "A Statistical Distribution Function of Wide Applicability". *J. Applied Mechanics* **18**:293-297 (1951).

Capítulo 8

Evaluación de la integridad de estructuras fisuradas

8.1 INTRODUCCIÓN

La finalidad del diseño de estructuras, tales como puentes, aviones, barcos, recipientes a presión, etc., es optimizar su rendimiento relativo a dos parámetros fundamentales, la seguridad y el costo. En otras palabras el propósito es producir una estructura que cumplirá sus funciones con eficiencia, seguridad y economía. Recordemos que aunque el número de fracturas es relativamente pequeño comparado con el número de estructuras en operación, la ocurrencia de las mismas son, en general, de gran importancia: la falla de un avión o de un recipiente de presión de un reactor nuclear son catástrofes de gran importancia, siendo considerables las pérdidas tanto en vidas como financieras.

Los criterios clásicos de diseño son inadecuados para prevenir la fractura estructural y para ello es necesario recurrir a la mecánica de fractura. Esta ha llegado a un grado de desarrollo tal que, aplicada adecuadamente, provee los medios para alcanzar estructuras libres de fractura y también las herramientas para la vigilancia y análisis de estructuras que se encuentran en funcionamiento y cuya fractura se desea prevenir.

La mecánica de fractura lineal elástica se aplica, estrictamente hablando, solamente en los casos en que el comportamiento del material es dominantemente elástico y la respuesta es fractura frágil. Para estos casos la metodología de evaluación de integridad estructural está bien desarrollada y es relativamente simple su aplicación: se mide la tenacidad del material por medio de ensayos K_{IC}, K_C o K_{ID}, y se calcula el factor de intensidad de tensiones actuante en base a la geometría y estado de carga aplicando métodos adecuados como elementos finitos o encontrando la correspondiente solución en algún manual o base de datos.

Gran parte de los materiales actualmente empleados en estructuras pueden sufrir considerable deformación plástica en la vecindad de la punta de fisuras. En estas condiciones la **LEFM** (*linear elastic fracture mechanics*) es una metodología de análisis conservadora y el proyecto queda penalizado por el hecho de no sacar ventaja de toda la capacidad del material.

Investigaciones realizadas en los últimos 30 años han mostrado que pueden efectuarse análisis más realistas empleando criterios elastoplásticos. El problema mayor es que los cálculos necesarios para aplicar la metodología elastoplástica requieren estudios muy sofisticados, usualmente con la ayuda de métodos avanzados de elementos finitos. Tales análisis son caros, consumen bastante tiempo y requieren de un ejecutor con un elevado grado de conocimiento de las áreas involucradas y por lo tanto representan un serio obstáculo al potencial usuario de métodos elastoplásticos.

Por otro lado, las situaciones en que puede ser necesario aplicar conceptos de mecánica de fractura son tan variadas y con costos de reparación y consecuencias de fallas tan diferentes que se hace imposible emplear una única metodología en todos ellos. No es lo mismo una fisura ubicada en el cordón circunferencial de una línea de conducción de gas durante la fabricación de la misma, que un defecto en un reactor nuclear encontrado después de cierto tiempo de

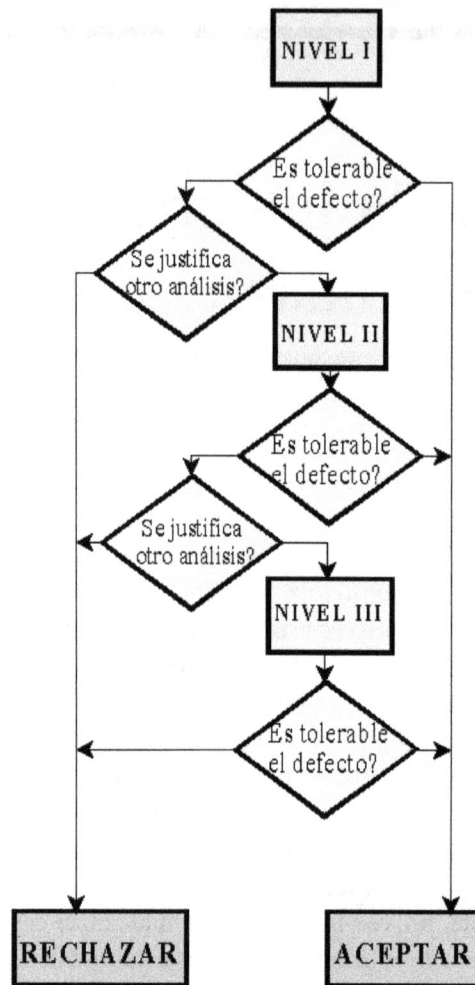

Figura 8.1. Análisis por niveles.

operación. Además de las distintas consecuencias en caso de falla, hay que considerar que los costos de reparación son tremendamente diferentes (o incluso, si no puede haber reparación, el lucro cesante por dejar fuera de servicio la instalación). Dentro de una misma estructura no tiene las mismas consecuencias la falla de un elemento fundamental (por ejemplo una columna principal de una estructura fuera de costa) que otro cuya falla inhabilite la operación pero no cause el colapso total de la estructura.

También se usan materiales de muy diverso tipo, con comportamiento muy frágil, con comportamiento dúctil y trabajando en zona de transición dúctil frágil, lo que hace que sean diferentes los criterios de fractura a emplearse.

Para superar estas dificultades distintos órganos (grupos de industrias, organismos reguladores de actividad nuclear u otros tipos, entes normalizadores, asociaciones profesionales, etc.) en diferentes países invirtieron grandes sumas para el desarrollo de métodos simplificados de evaluación de integridad de estructuras que puedan contener fisuras reales o postuladas.

Las normas confeccionadas tienen diferentes grados de rigurosidad y/o complejidad, según sea la aplicación que se hará de ellas. También hay una tendencia en algunos códigos generales en hacer varios niveles de análisis de acuerdo con la complejidad y consecuencias[8.01]. En estos casos se comienza por el nivel más simple (y siempre más conservativo). Si el defecto es tolerable, se lo acepta. Si no es tolerable y si su importancia lo justifica, se pasa al nivel siguiente, donde se hace un análisis más riguroso y complejo. La Figura 8.1 muestra un diagrama en bloques donde se describe la lógica del análisis.

En otros casos, como en el *Veritas Offshore Standards D404 Unstable Fracture* se aplica una filosofía parecida en lo referente a control de calidad de los materiales (incluidas juntas soldadas) dentro de una misma estructura. Se imponen (o no) condiciones de verificación de propiedades de fractura teniendo en cuenta espesor, importancia del elemento estructural, posibilidad de acceso para inspección/reparación y si se ha realizado o no un tratamiento de alivio de tensiones de las juntas soldadas. La **Tabla I** muestra los distintos niveles que deben tenerse en cuenta.[8.02]

TABLA I

Con T. T. de alivio de tensiones	Espesor de placa [mm]	Importancia del elemento estructural		
		Secundaria	Primaria	Especial
Con acceso para inspección y reparación	t < 25	NO	NO	NO
	25≤ t≤ 50	NO	NO	NO
	50≤ t≤ 75	NO	NO	SÍ
	75≤ t	NO	SÍ	SÍ
Sin acceso para inspección y reparación	t < 25	NO	NO	NO
	25≤ t≤ 50	NO	NO	SÍ
	50≤ t	NO	SÍ	SÍ

Sin T. T. de alivio de tensiones	Espesor de placa [mm]	Importancia del elemento estructural		
		Secundaria	Primaria	Especial
Con acceso para inspección y reparación	t < 25	NO	NO	NO
	25≤ t≤ 50	NO	NO	SÍ
	50≤ t≤ 75	NO	SÍ	SÍ
	75≤ t	SÍ	SÍ	SÍ
Sin acceso para inspección y reparación	t < 25	NO	NO	SÍ
	25≤ t≤ 50	NO	SÍ	SÍ
	50≤ t	SÍ	SÍ	SÍ

En la **Tabla II** se listan algunos códigos y normas que hacen uso de la mecánica de fractura. Como puede observarse en ella, algunos son generales y se refieren a aseguramiento de integridad estructural, contemplando no sólo el análisis de defectos, sino la caracterización del material y tanto para la evaluación del material como de la incidencia de defectos de construcción o en servicio.

TABLA II

NORMA	PAÍS	APLICACIÓN
JIS B8243-81	Japón	Recipientes de presión
BS 5500	Gran Bretaña	Recipientes de presión
ASME Boiler and Pressure Vessel Code	Estados Unidos	Plantas nucleares
Reaktor Sicherheits Kommission RSK guide line	Alemania	Plantas nucleares
API 1104 App. A	Estados Unidos	Cañerías
BS 6235:1982	Gran Bretaña	Estructuras fuera de costa
DnV D404 1987	Noruega	Estructuras fuera de costa
BS PD6493:1980	Gran Bretaña	Defectos en juntas soldadas
WES 2805, 1980	Japón	Defectos en juntas soldadas
DVS-Merkblatl 2401 Teils	Alemania	Defectos en juntas soldadas
BS 4515:1984	Gran Bretaña	Juntas soldadas
CAN/CSA Z184 M86	Canadá	Cañerías de gas
CEGB R6 Rev 3	Gran Bretaña	Plantas nucleares
API 579	Estados Unidos	Cañerías

8.2 ETAPA DE PROYECTO

8.2.1 Filosofías de diseño contra la falla

Existen dos filosofías de diseño contra falla que son ya clásicas en el campo de la mecánica de fractura. Una de éstas recibe en inglés la denominación de *safe life* y la otra *fail safe*.

Los métodos de *safe life* se pueden dividir en dos grandes grupos: control de la iniciación de la fractura y control de la propagación. Para entender rápidamente estos conceptos nos podemos valer de ejemplos prácticos.

Un buen ejemplo de los métodos de control de la propagación de las fisuras lo dan las estructuras de aviones. Debido a la alta resistencia de los materiales utilizados por exigencias de peso, es imposible impedir que la fractura frágil sea el modo en que una falla se dé. Se establece mediante cálculo el período de propagación de las fisuras, desde el tamaño inicial que resulta de la inspección por medio de ensayos no destructivos (**END**) hasta el tamaño crítico. En base a estos cálculos se establecen períodos de inspección que se seleccionarán de manera que exista la seguridad de que las fisuras serán verificadas antes de que puedan alcanzar el tamaño crítico. Cuando alguna fisura supera un cierto valor admisible se toman medidas de corrección, ya sea mediante reparación o reemplazo de la parte fisurada.

Para diseñar por control de iniciación deben utilizarse materiales en los cuales la propagación de una fisura sea de una probabilidad muy pequeña. Esta filosofía requiere, en general, la selección de materiales que tengan una alta tenacidad; por lo tanto otras propiedades, tales como elevado límite de fluencia, son sacrificadas frente a la obtención del grado de tenacidad deseado. Esto implica trabajar con tensiones menores y con espesores, y por lo tanto pesos de estructuras mayores.

Otra filosofía de diseño es la *fail safe* que tiene su paralela en el concepto de redundancia que se utiliza en estructuras complejas. En sistemas que están integrados por muchos componentes, aunque la probabilidad individual de falla de cada uno de ellos sea pequeña, la probabilidad compuesta puede ser alta. Para resolver este problema se utiliza la idea de redundancia, introduciendo varios componentes que cumplan la misma función de manera tal que, si uno falla, otro elemento toma su carga. Por supuesto la idea de la utilización de estructuras hiperestáticas está dentro de esta filosofía, dado que en este tipo de estructuras la falla de un componente no implica necesariamente el colapso total de la misma. Otra idea utilizada dentro de la filosofía de *fail safe* es la de introducir elementos para detener el avance de las fisuras. Este concepto es utilizado profusamente dentro de la industria aeronáutica donde se usan arrestadores de fisuras en diversas partes de la estructura de un avión. La misma idea es también utilizada en el diseño de cascos de buques así como en líneas de gas de alta presión.

8.2.1.1 *Leak before break*

Una fisura que atraviesa parcialmente la pared de un recipiente de presión puede crecer por diferentes mecanismos hasta que alcance la pared externa. En tal caso se producirá una pérdida del fluido contenido y hay una alta probabilidad de que la falla sea detectada debido al escape originado. Por lo tanto, pueden tomarse medidas preventivas antes de que la fisura continúe creciendo y alcance el tamaño crítico. Un recipiente de presión que se comporta de la manera indicada satisface el criterio de pérdida antes de la rotura. El comportamiento opuesto será que la fisura se haga crítica antes de que haya alguna pérdida (o simultáneamente).

Este criterio se aplica no solamente a recipientes de presión, sino también a cañerías, y es extremadamente importante en la tecnología química y petrolera.

8.2.2 Selección de materiales

Una de las cuestiones fundamentales de la seguridad contra la rotura es el tamaño crítico de la fisura. Hay dos aspectos que deben tenerse en cuenta con respecto al tamaño crítico. Uno se refiere al hecho de que cuanto más grande es una fisura, mayor es la probabilidad de detectarla. El segundo es que, cuanto mayor es el tamaño de la fisura crítica, más tiempo se requiere para que sea alcanzado ese tamaño. Por consiguiente, los materiales que pueden tolerar tamaños críticos de fisuras grandes son los que serán elegidos, siempre que ello sea posible. El tamaño crítico está regido por la ecuación básica de la mecánica de fractura:

$$a_c = C_I \left(\frac{K_{IC}}{\sigma} \right)^2 \tag{8.1}$$

la tensión de trabajo es un cierto porcentaje de la de fluencia, por lo que podemos reescribir la ecuación anterior como

$$a_c = C_2 \left(\frac{K_{IC}}{\sigma_{ys}} \right)^2 \tag{8.2}$$

Vemos que el factor que controla el tamaño de la fisura es el cuadrado de la relación de la tenacidad a la tensión de fluencia. Cuanto mayor es esta relación, más favorables serán las condiciones del material desde el punto de vista del tamaño crítico de la fisura. Desafortunadamente, el comportamiento de los materiales es tal que, a medida que incrementamos el valor de la tensión de fluencia, el valor de la tenacidad disminuye; en el mejor de los casos es posible mantener la tenacidad incrementando la tensión de fluencia. Por lo tanto, y teniendo en cuenta que para sacar provecho de la mayor tensión de fluencia es necesario incrementar la tensión de trabajo, el resultado final es la reducción del tamaño crítico de la fisura.

La relación de la tenacidad a tensión de fluencia es un elemento esencial para juzgar el comportamiento de un material a la fractura. También lo es la geometría, fundamentalmente el espesor, que nos dirá en qué régimen está trabajando el elemento de análisis:

a) Lineal elástico en deformación plana
b) Lineal elástico en tensión plana
c) Elastoplástico

De acuerdo con el régimen de trabajo, se adoptará un criterio adecuado para estudiar la posibilidad de fractura.

a) $\mathbf{K_{IC}}$; $\mathbf{K_{ID}}$,
b) $\mathbf{K_C}$,
c) $\mathbf{CTOD}$; $\mathbf{J_C}$; $\mathbf{J_{IC}}$; $\mathbf{J\text{-}R}$; $\mathbf{T}$.

8.2.2.1 Diagrama FAD de Pellini [8.03]

Las roturas de los barcos *Liberty* en Estados Unidos hicieron que se volcara mucha investigación al tema de la fractura frágil en chapas de acero. De estos estudios surgió el diagrama **FAD** (*failure analysis diagram*), desarrollado por Pellini y Puzak en el *Naval Research Laboratory* (Figura 8.2).

Este diagrama muestra una relación entre tensiones, tamaño de fisura, temperatura de servicio y comportamiento a la fractura. Fue desarrollado para aceros de bajo carbono, pero en principio puede ser aplicado a cualquier material que presente una nítida transición dúctil frágil con la temperatura.

En el diagrama **FAD**, el eje de temperaturas está referido a la temperatura **NDT** (*nill ductility temperature*), la cual se obtiene por medio de un ensayo de impacto por caída de un peso sobre una probeta con una entalla en un depósito frágil de soldadura. Este ensayo, del tipo pasa-no pasa, es denominado *drop weight test* y está normalizado por **ASTM** [8.04]. Entonces el diagrama **FAD** queda unívocamente determinado con un único parámetro (**NDT**) obtenido por medio del ensayo *drop weight*.

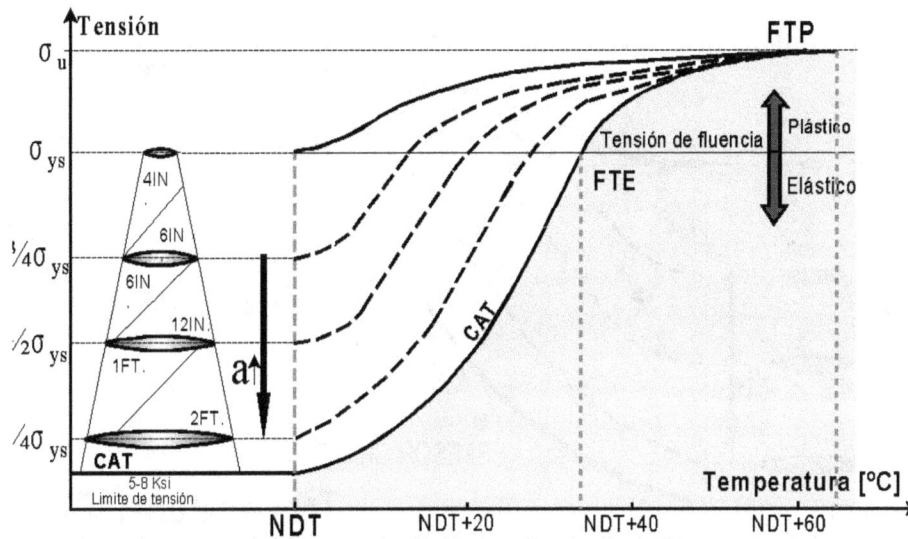

Figura 8.2. Diagrama **FAD** de Pellini.

El **FAD** define tres temperaturas críticas de transición, las que sirven también como puntos de "diseño".

1.- NDT: Restringiendo la temperatura de servicio por encima de **NDT**, se previene la iniciación de fracturas debidas a pequeñas grietas (menores de **1"**), con tensiones que no superen la de fluencia.

2.- FTE (*fracture transition elastic*): Está situada a **NDT + 33 C** (**NDT + 60 F**). Restringiendo la temperatura de servicio por encima de **FTE** se asegura el arresto de las fisuras de cualquier tamaño, siempre que las tensiones no excedan las de fluencia.

3.- FTP (*fracture transition plastic*): Está situada a **NDT + 67 C** (**NDT + 120 F**). Restringiendo la temperatura de servicio por encima de **FTP**, se asegura que sólo es factible fractura totalmente dúctil.

La curva inferior que une los puntos **NDT**, **FTE** y **FTP**, denominada **CAT** (*crack arrest temperature*) define la relación entre nivel de tensiones, tamaño de fisura y temperatura de arresto de las mismas. A la derecha de la curva **CAT**, toda fisura que se propaga es arrestada.

En el diagrama **FAD** queda evidente la dramática alteración del comportamiento a la fractura en un intervalo tan reducido de temperaturas. Este diagrama fue construido en base a una gran cantidad de ensayos sobre aceros estructurales con espesores entre **12** y **75 mm** aproximadamente. Para espesores mayores o menores la temperatura **NDT** no se altera, pero sí aumentarían con el espesor los intervalos entre **NDT** y las otras temperaturas de referencia. Con posterioridad Pellini modificó su diagrama para tener en cuenta el fenómeno de espesor [8.03] (Figura 8.3).

El diagrama de Pellini debe ser comprendido como obtenido dentro de un contexto determinado por un tipo dado de aceros y para algunas geometrías que eran de interés para los casos tratados en su momento. En la Figura 8.3 se han marcado resultados de recipientes de presión ensayados a la rotura que fallaron por el mecanismo dúctil y, como se aprecia, lo hicieron bajo una combinación de tensiones, tamaño de defecto y temperatura consideradas totalmente seguras por el diagrama **FAD**.[8.05]

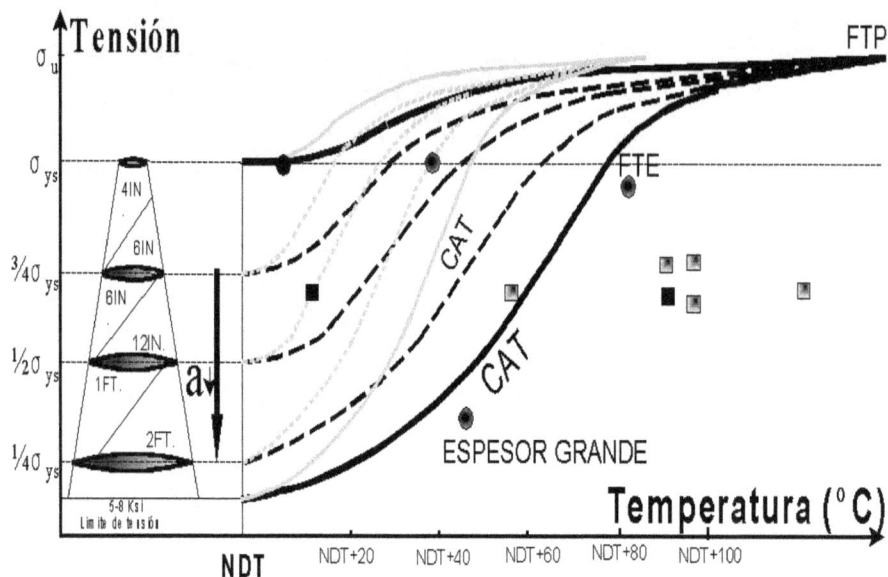

Figura 8.3. Efecto del espesor en el diagrama **FAD**.

8.2.2.2 *ASME boiler and pressure vessel code. Section III Apendix G* [8.06]

Juntamente con la *Section XI, appendix A*, son las dos partes del Código ASME que aplican métodos de mecánica de fractura. La *Section III Apendix G* define un método para obtener cargas permisibles para servicio normal ante la presencia de un defecto hipotético.

Se postula la existencia de un defecto con una profundidad de **1/4** del espesor de pared y **1.5** veces el espesor de largo. Los factores de intensidad de tensiones actuantes correspondientes a estos defectos ubicados en diferentes lugares del reactor son evaluados teniendo en cuenta las tensiones de membrana, de flexión, de origen térmico y secundarias, además de un coeficiente de seguridad **2** para las dos primeras. El factor de intensidad de tensiones actuante debe ser menor que el correspondiente al material a la temperatura considerada, K_{IR}. Se establece en qué casos considerar o no tensiones de origen térmico y/o secundarias. También está establecida mediante gráficos la obtención de diferentes factores de intensidad de tensiones.

$$2(K_{Im} + K_{Ib}) + K_{It} \leq K_{Ir} \tag{8.3}$$

donde:

K_{Im} : Factor de intensidad de tensiones de membrana,
K_{Ib} : Factor de intensidad de tensiones de flexión,
K_{It} : Factor de intensidad de tensiones de origen térmico,
K_{Ir} : Tenacidad a la fractura de referencia del material.

El valor de K_{Ir} está dado, en función de la temperatura, por el gráfico mostrado en la Figura 8.4. Esta curva fue obtenida por medio de ensayos de tenacidad a la fractura estáticos, dinámicos y de arresto sobre aceros de uso nuclear (A533 y A508), y describe el límite inferior de todos los resultados de ensayos (*lower bound*). Tiene validez para aceros con tensiones de fluencia a temperatura ambiente de hasta 350MPa. Para mayores tensiones de fluencia se deben hacer ensayos dinámicos de verificación.

$$K_{IR} = 26.78 + 1.233 \exp(0.0145(T - RT_{NDT} + 160))$$

K_{IR} = Factor de intensidad de tensiones de referencia

Temperatura relativa para RT $((T-RT_{NDT}))$ °F

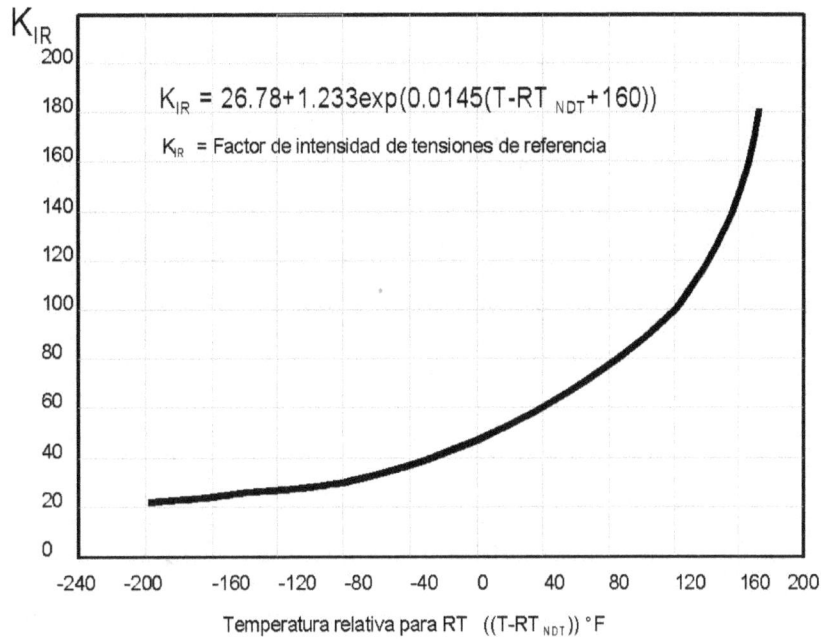

Figura 8.4. Variación de K con la temperatura según ASME.

El eje de temperaturas está referido a la temperatura **NDT** obtenible por medio del ensayo *drop weight*, o eventualmente por ensayos Charpy V. De esta manera solamente se necesita obtener el valor de **NDT** para caracterizar la tenacidad a la fractura del material.

8.2.2.3 Calificación de material y unión soldada. BS 6235:1982. *Code of practice for fixed offshore structures* [8.07]

Generalmente los códigos establecen caracterizaciones por medio de ensayos de tenacidad a la fractura para materiales de media a alta resistencia y espesores importantes. El ya comentado **DnV D404** [8.02] es un ejemplo muy elaborado. Otras normas, como la **BS 6235:1982.** *Code of practice for fixed offshore structures* [8.07] establecen que para aceros con $\sigma_{ys} \leq 355$MPa sólo se especifican ensayos Charpy V. Para mayores resistencias, los niveles de tenacidad deberán imponerse por acuerdo de las partes, debiendo hacerse los ensayos a -10°C para las partes expuestas al aire y a 4°C para los componentes sumergidos. Con respecto a las juntas soldadas, se especifica que el ensayo Charpy V puede no garantizar totalmente una adecuada resistencia a la fractura, especialmente en los espesores mayores y en zonas de concentración de tensiones o de discontinuidades. Los datos de tenacidad (cuando sean requeridos por acuerdo de partes) deberán ser obtenidos durante la calificación del procedimiento y archivados. Ensayos de **CTOD** pueden ser requeridos en los siguientes casos:

• Para juntas *as-welded* en espesores superiores a los 40mm.
• El procedimiento no calificó de acuerdo con los requerimientos generales.
• En zona afectada por el calor (**ZAC**) para aceros no calmados, o en **ZAC** de soldaduras con *heat input* mayor que 4.5kJ/mm y que no alcanzaron al valor mínimo de Charpy V especificado para el material base.
• Cuando se requiere evaluar el significado de defectos de fabricación tipo fisuras encontrados durante el servicio.

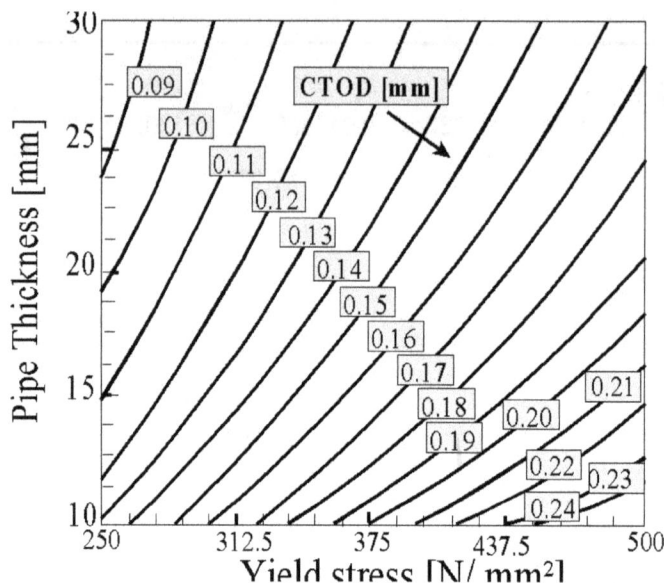

Figura 8.5. Valores mínimos de CTOD según BS4515.

8.2.2.4 Requerimientos en otros códigos

El parámetro más utilizado para verificar propiedades de fractura sigue siendo Charpy V. De todas maneras hay un uso cada vez mayor de valores de tenacidad a la fractura; uno de los más empleados en códigos es **CTOD**. Es requerido de diferentes maneras: a veces por medio de valores mínimos como en la norma **BS4515** [8.08] para cañerías donde se exigen valores de **CTOD** de acuerdo al espesor, la tensión de fluencia y el diámetro del caño (Figura 8.5). La norma **API 1104** [8.09] califica al material en tres categorías: con **CTOD**≥0.010"; **CTOD**≥0.005"; o **CTOD**<0.005". Otros piden guardar los valores de **CTOD** sin imponer valor mínimo para el caso de tener que hacer una futura evaluación *fitness for purpose*.[8.02, 8.07]

En general los códigos permiten el uso de K_{IC} siempre que se den las condiciones de plasticidad en pequeña escala. Otros parámetros elastoplásticos como J_{IC}, **J-R** o alguna variante de **J** son utilizados en el **CEGB-R6** [8.01] y también en el procedimiento del **EPRI**.[8.10] El *engineering treatment model* (**ETM**) [8.11] propone el uso del **CTOD** de Schwalbe, δ_5.

8.3 EVALUACIÓN DE DEFECTOS EXISTENTES

8.3.1 Niveles de aceptación durante la construcción o la operación

La existencia de accidentes en diferentes estructuras: barcos, recipientes a presión, cañerías, aviones, etc., llevó en muchos países al desarrollo de normas y códigos que regulan el diseño, la construcción y la inspección de las diferentes estructuras. Con la introducción de la soldadura, y debido a su heterogeneidad, fue necesario imponer niveles de aceptación de defectos.

El primer método empleado para la detección de los mismos fue la radiografía. Como en aquella época (1930) no había una forma racional de fijar la incidencia de los defectos sobre la integridad de las estructuras, las personas encargadas de redactar los códigos trabajaron en términos de lo que podía ser detectado y realmente medido mediante radiografías. Entonces se dan límites precisos a los defectos volumétricos, escorias y porosidades; mientras que las fisuras, que no son fácilmente detectables por radiografías, están cubiertas por sentencias del tipo: "no habrá grietas o defectos tipo grietas". Los niveles dados por defectos volumétricos son esencialmente arbitrarios y están basados en la calidad que podría brindar un buen soldador. En años recientes ha habido un uso incrementado de la inspección por ultrasonido por adaptarse mejor a la detección y medición de defectos planos.

El uso de un ensayo no destructivo de gran sensibilidad, combinado con criterios de aceptación arbitrarios, ha llevado a un gran nivel de reparaciones. En el Reino Unido se han reportado estadísticas que mostraron que el 84% de las reparaciones eran inclusiones de escoria, 3% porosidad, y el 13% defectos planares. Solamente los últimos pueden ser considerados potencialmente peligrosos. Además de que los costos involucrados son considerables, debido a que las reparaciones son hechas bajo condiciones de alta restricción, existe el riesgo de que un defecto inofensivo sea reemplazado por una peligrosa grieta, que es más difícil de detectar.[8.12]

Se sugirió que la evaluación de defectos debería ser hecha de la siguiente manera:

Se impondrían niveles de aceptación con un propósito de control de calidad. Todo defecto menor a los límites de aceptación sería admitido, pero los mayores no serían automáticamente reparados. La reparación sólo se haría en caso de no poderse verificar la falta de peligrosidad del defecto, sobre la base de algún criterio que tuviera en cuenta las condiciones de trabajo en la zona de la discontinuidad. Esto es denominado en inglés *fitness for purpose*.

De esta manera sólo se repararían los defectos potencialmente peligrosos, que como sabemos, ocurren cuando hay una combinación crítica de tensiones y tamaño de fisura.[8.12]

8.3.2 Métodos de evaluación de defectos

Además de los manuales de soluciones para comportamiento lineal elástico ya descriptos oportunamente, se han desarrollado diferentes métodos elastoplásticos para la evaluación de defectos, de los cuales describiremos solamente algunos de los más importantes:

a) Curva de diseño de CTOD,
b) *Failure assessment diagram* (FAD),
c) Método EPRI,
d) *Engineering treatment model* (ETM).

8.3.2.1 Curva de diseño de CTOD

El CTOD relaciona tenacidad a la fractura con tensiones aplicadas y tamaño de fisura por medio de la siguiente ecuación:

$$\delta = \frac{8\sigma_y a}{E} \; ln \, sec\left(\frac{\pi \, \sigma}{2\sigma_y}\right) \tag{8.4}$$

con

σ: tensión de trabajo,
σ_y: tensión de fluencia del material,
E: módulo de elasticidad,
a: longitud de fisura,
δ: valor de **CTOD**.

Cuando la deformación plástica es generalizada, la ecuación anterior pierde validez. Entonces, con la finalidad de extender la aplicabilidad del criterio **CTOD**, y de poder disponer de un método expeditivo de tolerancia de defectos, Burdekin y Dawes [8.13], Dawes [8.14] y Harrison *et al.* [8.15] introdujeron y mejoraron una curva de diseño basada en observaciones experimentales de **CTOD** en función de la deformación aplicada en ensayos de placa ancha (*wide plate test*) (Figura 8.6).[8.15] Para obtener predicciones seguras, la curva se construyó sobre el límite conservativo de los datos experimentales disponibles.

El eje de ordenadas corresponde al **CTOD** normalizado.

$$\phi = \frac{\delta}{2\pi\varepsilon_y a} \tag{8.5}$$

con

$\epsilon_y = \sigma_y/\mathbf{E}$

el eje de abscisas representa la deformación específica normalizada respecto de la de fluencia: ϵ/ϵ_y. Entonces, si se conoce el nivel de la deformación aplicada en la región del defecto, de la curva de diseño se obtiene el valor de ϕ; pudiendo calcularse el tamaño tolerable de defecto:

$$a = \frac{1}{2\pi\phi}\left(\frac{\delta_c}{\varepsilon_y}\right) \tag{8.6}$$

donde

δ_c: tenacidad del material (**CTOD**).

También, si se conoce el máximo tamaño admisible de defecto, se podría obtener la tenacidad necesaria en el material para que no ocurra fractura frágil.

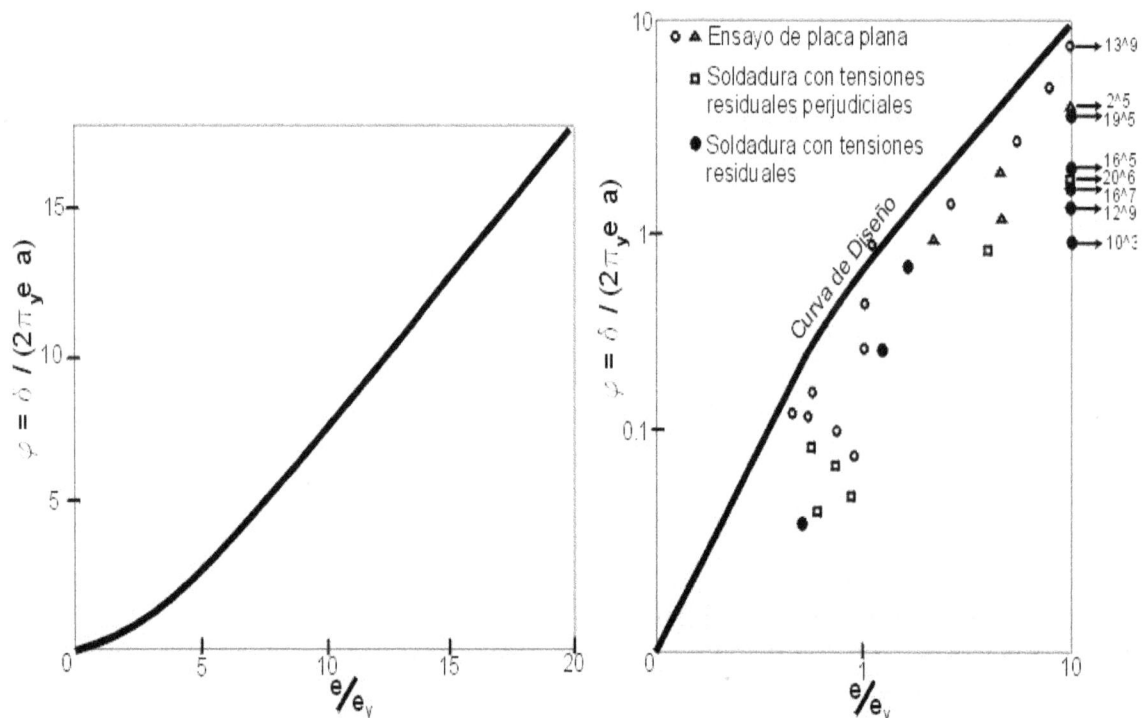

Para facilidad de manipulación, la curva de diseño ha sido redibujada en la forma de la Figura 8.7 [8.16], en términos de:

$$C = \frac{1}{2\pi\phi} \tag{8.7}$$

El valor de **C** se puede calcular como:

$$C = \frac{1}{2\pi\left(\dfrac{\sigma}{\sigma_y}\right)^2} \tag{8.8}$$

para $\sigma/\sigma_y < \mathbf{0.5}$; ó

$$C = \frac{1}{2\pi\left(\dfrac{\varepsilon}{\varepsilon_y} - 0.25\right)} \tag{8.9}$$

para $\epsilon/\epsilon_y > \mathbf{0.5}$.

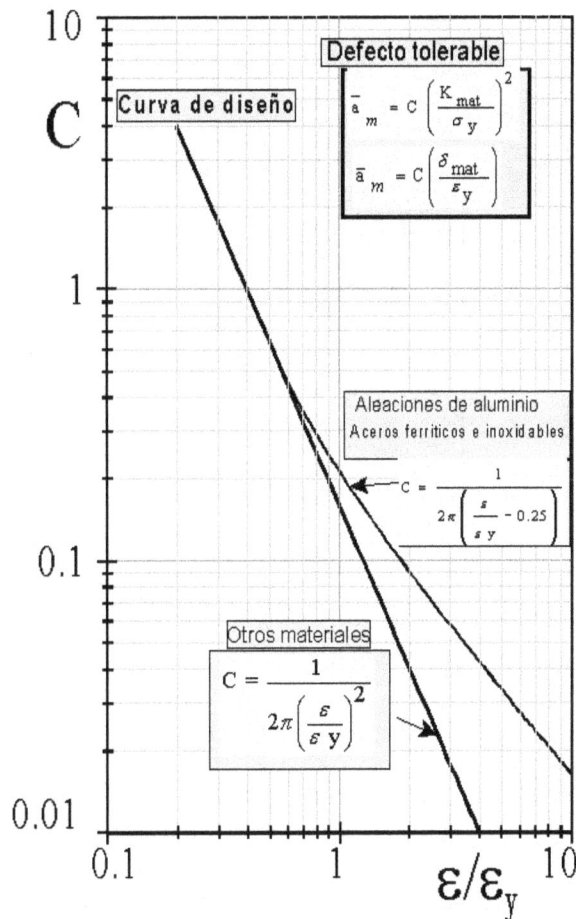

Figura 8.7. Curva de diseño de **CTOD**.

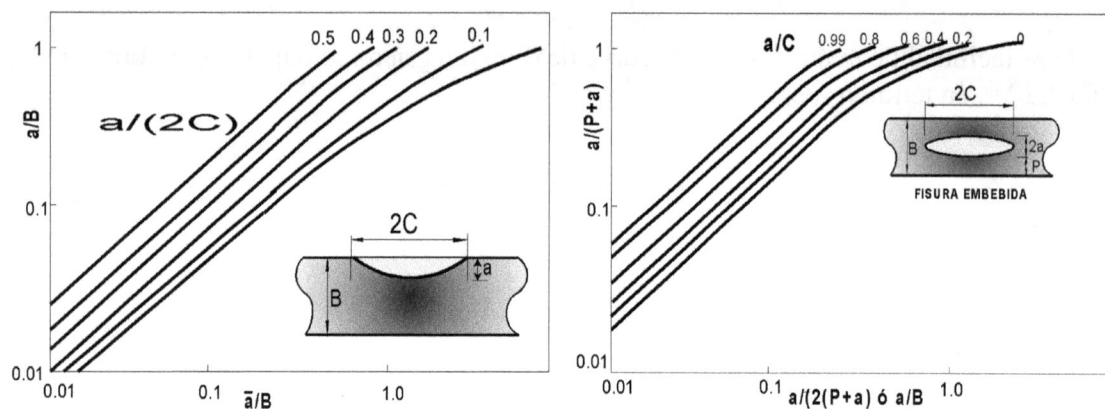

Figura 8.8. Tamaños equivalentes para fisuras   Figura 8.9. Tamaños equivalentes para fisuras
              superficiales.   embebidas.

Los valores de σ ó ϵ deben tener en cuenta todas las tensiones que actúan sobre el defecto, y deben incluir la tensión aplicada, el efecto de concentración de tensiones y las tensiones residuales actuantes.

$$\sigma = \sigma_a \; SCF + \sigma_r \tag{8.10}$$

donde

σ_a: tensión aplicada,
SCF: factor de concentración de tensiones,
σ_r: tensión residual.

La **Tabla III** [8.15] da los valores de tensiones residuales que deben ser considerados en uniones soldadas.

TABLA III

Localización de la fisura	Condición de la solda-dura	Tensiones a considerar
Remota de concentración de tensiones	*stress relivered*	σ
	as-welded	$\sigma + \sigma_y$
Adyacente a concentración de tensiones	*stress relivered*	$SCF \times \sigma$
	as-welded	$(SCF \times \sigma) + \sigma_y$

Para tensiones superiores a la de fluencia, el concepto de tensión pierde significado, siendo más sensato usar deformaciones específicas. Entonces, entrando con ϵ / ϵ_y en la Figura 8.7, se obtiene **C**. El tamaño del defecto tolerable está dado por :

$$a = C \; \frac{\delta_c}{\epsilon_y} \tag{8.11}$$

Al inspeccionar componentes por ensayos no destructivos, se determinan defectos de diferentes tamaños, formas y orientaciones, que no se corresponden con las fisuras pasantes con que se aplica la curva de diseño. Por lo tanto será necesario convertir los defectos reales en fisuras equivalentes capaces de ser tratados por este método. Las Figuras 8.8 y 8.9 [8.16] dan nomogramas para obtener el tamaño equivalente de discontinuidades interiores y no pasantes respectivamente. Estos gráficos fueron obtenidos bajo la suposición de que en plasticidad contenida los efectos de forma de defectos eran iguales a los de elasticidad lineal. Por ello fueron calculados de soluciones obtenidas para factores de intensidad de tensiones equivalentes. También hay recomendaciones para tratar con interacción de defectos próximos.

Fueron muchos los ensayos de placa ancha (*wide plate test*) con diferentes tipos de defectos que se llevaron a cabo, habiéndose determinado un coeficiente de seguridad promedio de aproximadamente **2**.

La curva de diseño de **CTOD** pierde validez cuando se la intenta aplicara a materiales que exhiben un comportamiento totalmente dúctil.

El documento **PD6493:1980.** *Guidance on some methods for the derivation of acceptance levels for defects in fusion welded joints* [8.16] es el ejemplo más clásico de utilización de la curva de diseño para evaluar defectos, en este caso en soldadura. También es empleada por la norma canadiense **CSA Z184-M86** [8.17].

La norma japonesa **WES 2805-1980** [8.18] hace uso de una versión particular de la curva de diseño. En ella se considera una relación lineal entre el **CTOD**, la deformación específica y el tamaño equivalente de defecto

$$\delta = 3.5\,\varepsilon\,\bar{a} \tag{8.12}$$

Otra norma que emplea las bases conceptuales de la curva de diseño, aunque en una forma muy simplificada para lograr un uso aun más expeditivo, es la API 1104 en su *Appendix A* (no mandatorio).[8.09] Su alcance se restringe solamente a las juntas circunferenciales de tubos.

Requiere, como fue oportunamente descripto, la calificación del material con valores de**CTOD** superiores a 0.010" ó 0.005". Valores inferiores a este último no permiten la aplicación de este análisis.

Esta norma presenta curvas de diseño correspondientes a estos valores fijos de **CTOD** (Figuras 8.10 y 8.11), que permiten obtener en una forma extremadamente expeditiva el tamaño

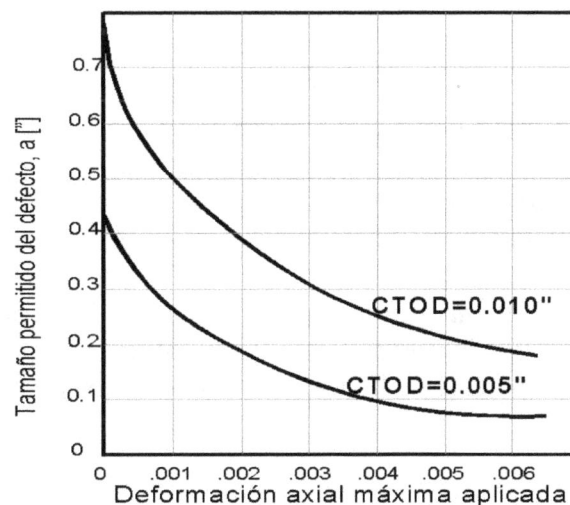

Figura 8.10. Evaluación de tamaños tolerables
por **API 1104**.

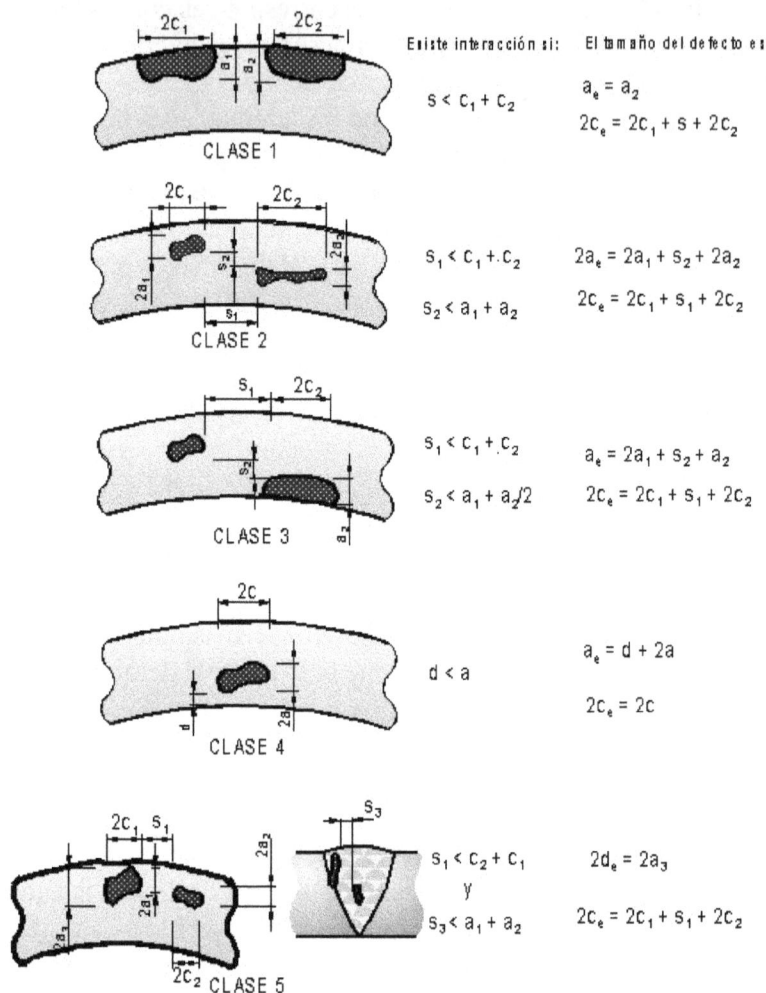

Figura 8.11. Tamaños equivalente de defectos según **API1104**.

tolerable del defecto en función de la deformación específica aplicada y el valor de tenacidad calificado por el procedimiento de soldadura.

8.3.2.2 *Failure assessment diagram* (FAD)

El *failure assessment diagram* (**FAD**) fue elaborado por personal del *Central Electricity General Board* del Reino Unido (actualmente *Nuclear Fuels Co.*), y también es denominado criterio **CEGB R6** o simplemente **R6**.[8.01]

Está basado en el *two criteria approach* que considera que la mecánica de fractura lineal elástica y el colapso plástico son dos formas extremas de falla de un componente fisurado. Para un material con comportamiento elastoplástico, la falla ocurrirá en un estado intermedio entre los dos mencionados.[8.19, 8.20, 8.21]

Para cualquier análisis se evalúan dos parámetros:

$$K_r = \frac{Factor\ de\ Intensidad\ de\ Tensiones\ aplicado}{Tenacidad\ a\ la\ Fractura\ del\ Material} = \frac{K_I(a,\sigma)}{K_{IC}} \qquad (8.13)$$

$$S_r = \frac{Tensión\ aplicada}{Tensión\ de\ Colapso\ Plástico} = \frac{\sigma}{\sigma_I(a)} \qquad (8.14)$$

Para determinar S_r se debe conocer, además de la tensión de trabajo en la región de la discontinuidad, la correspondiente al colapso plástico del ligamento remanente, es decir, aquella que producirá la falla por alcanzarse la máxima capacidad de sustentar carga del ligamento. Soluciones para muchas geometrías estructurales pueden hallarse en la literatura.[8.21, 8.23, 8.24] Para la obtención de K_r se emplean las metodologías ya descriptas: cálculo del factor de intensidad de tensiones actuante y determinación de la tenacidad a la fractura del material.

Estos dos parámetros son entonces las coordenadas de un punto en el diagrama **FAD** (Figura 8.12), y la posición de este punto relativa a la línea de falla define el grado de seguridad de la estructura. En forma simple se pueden determinar los factores de seguridad respecto de las variaciones de la tensión actuante, la longitud de fisura, e incluso, ante hipotéticos cambios en los valores de la tensión de fluencia o de la tenacidad de material.

La línea de falla en el régimen elastoplástico está basada en el *strip yielding model* de Bilby, Cottrell y Swinden y corresponde a la siguiente ecuación

$$K_r = S_r \left[\frac{8}{\pi^2}\ ln\ sec\frac{\pi}{2}S_r \right]^{-0.5} \qquad (8.15)$$

El diagrama **FAD** no define específicamente ningún factor de reserva, dejando que el criterio del usuario lo especifique, debido a lo simple que resulta calcularlo. De todas maneras,

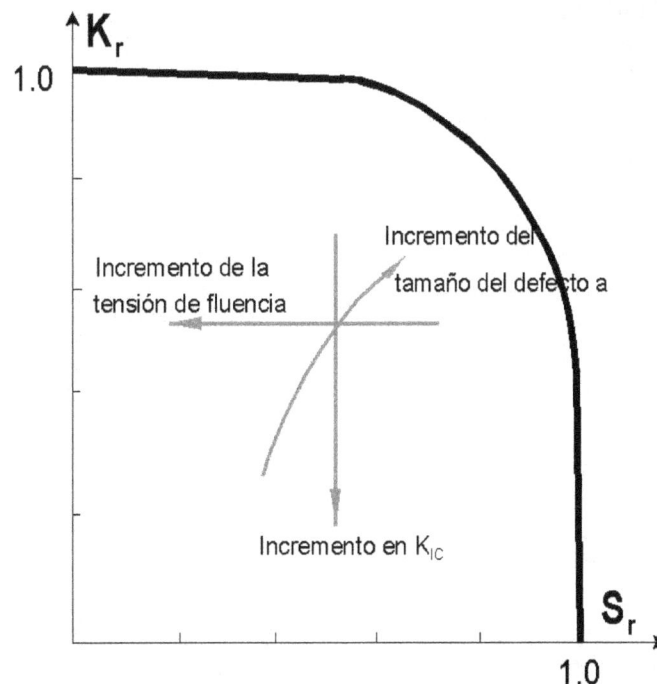

Figura 8.12. *Failure Assessment Diagram.*

la hipótesis básica del método es que provee un límite inferior contra la falla, que es independiente de la geometría. Los autores lo han probado en más de 150 casos con resultados que consideraron satisfactorios.[8.19] En opinión de ellos, las restricciones que imponen la fractura totalmente frágil y el colapso plástico sobre la línea de falla, reducen la probabilidad de error, y además evitan tener que recurrir excesivamente a costosos cálculos por elementos finitos elastoplásticos.

El diagrama **FAD** ha sufrido una evolución, presentándose actualmente opciones que permiten realizar análisis más complejos y precisos, que contemplen endurecimiento por deformación del material y crecimiento estable de fisura, así como caracterización de la tenacidad a la fractura del material por medio de parámetros elastoplásticos. Como ejemplo se puede citar la Revisión 3 del **CEGB R6**[8.01], donde pueden aplicarse valores de iniciación (K_{IC}, J_{IC}), tecnológicos ($J_{0.2}$, δ_C, δ_m), o análisis por medio de curvas de resistencia **J-R**. Además se pueden emplear las siguientes opciones de diagramas:

Opción 1: Un diagrama **FAD** tipo *lower bound*, de uso universal, que puede ser usado en situaciones donde no está disponible la curva tensión-deformación del material.

Opción 2: Se construye un diagrama **FAD** específico para el material bajo análisis a partir de los datos de la curva tensión-deformación.

Opción 3: Para cuando se ha realizado un análisis de **J** de la geometría.

El procedimiento **CEGB R6** ha alcanzado un amplio reconocimiento y ha sido validado extensamente, principalmente en la evaluación de integridad de componentes y estructuras empleados en la industria de generación de energía.

El Diagrama **FAD** ha sido propuesto como metodología de análisis en niveles superiores (2 y 3) para la nueva versión del documento **BSI PD 6493**.[8.25]

8.3.2.3 Metodología para el análisis estructural. Método EPRI

El esquema de estimación de **J** como de **CTOD** publicado por el *Electrical Power Research Institute* **(EPRI)** [8.10] permite realizar evaluaciones elastoplásticas para una variedad de geometrías. Este método puede ser usado para analizar la resistencia a la fractura tanto frágil como dúctil (*tearing instability*), así como el colapso plástico. La resistencia de una estructura a la falla dúctil es evaluada comparando curvas de *driving force* contra la resistencia al crecimiento de fisura del material expresado en términos de **Curva R.** El método asume que la curva tensión-deformación verdaderas del material bajo estudio obedece a una ley de endurecimiento potencial del tipo Ramberg Osgood dada por

$$\frac{\varepsilon}{\varepsilon_0} = \frac{\sigma}{\sigma_0} + \alpha\left(\frac{\sigma}{\sigma_0}\right)^n \qquad (8.16)$$

donde
σ : Tensión aplicada,
σ_0 : Tensión de referencia,
ϵ : Deformación específica producida por la tensión σ,
$\epsilon_0 = \sigma_0 / E$,
α, **n**: constantes del material.

Además se establece que el **J** aplicado es la suma de una componente elástica (que incluye una corrección por zona plástica de primer orden) y una componente totalmente plástica (*fully plastic*):

$$J = J_{EL} + J_{FP} \tag{8.17}$$

La componente elástica de **J** se expresa como una función del factor de intensidad de tensiones **K**:

$$J_{EL} = \frac{K_I^2(a_e)}{E^1} \tag{8.18}$$

donde

a_e: longitud efectiva de fisura, corregida por zona plástica,
$E^1 = E$ para estado plano de tensiones,
$E^1 = E / (1-\upsilon)$ para estado plano de deformaciones.
En cambio, la componente plástica de **J** está dada por

$$J_{PL} = \alpha \sigma_0 \varepsilon_0 \, C \, h_1 \left(\frac{P}{P_0} \right)^{n+1} \tag{8.19}$$

donde

C : una dimensión característica (usualmente el ligamento remanente),
h_1 : función dependiente de la geometría obtenida usando análisis por elementos finitos.

Valores de h_1 para diferentes materiales y geometrías variadas pueden encontrarse en las referencias.[8.10, 8.26, 8.27]
Se confrontan las estimaciones de **J** aplicado con la curva de resistencia del material, pudiendo ser generados diferentes diagramas de análisis: **J-Δa** o **J-T** (Figura 8.13).
Aunque el esquema de estimación de **J** del **EPRI** puede proveer evaluaciones muy precisas de fractura, debe ser enfatizado que este método es muy sensible a la forma de la curva tensión-deformación, en particular a los coeficientes de la ley potencial de Ramberg Osgood. Se han

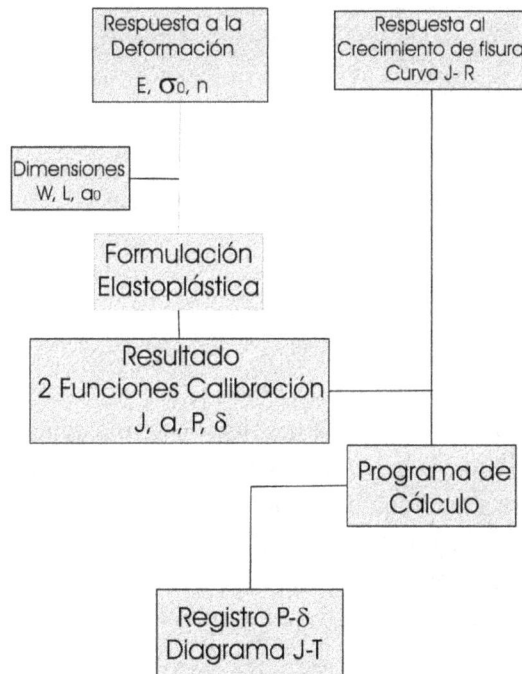

Figura 8.13. Esquema de uso del método
EPRI

encontrado problemas en situaciones donde el comportamiento del material no pudo ser correctamente descripto por una aproximación de Ramberg Oswood, por ejemplo en materiales que presentan fenómeno de fluencia. Estos problemas se ven potenciados cuando se intenta aplicar esta metodología a materiales inhomogéneos como material de aporte o zona afectada por el calor de juntas soldadas. También hay una gama relativamente escasa de soluciones *fully plastic*, lo que puede tornar muy caro al método cuando se debe encontrar alguna solución particular por elementos finitos plásticos. Es evidente que el método es el más adecuado para evaluar geometrías clásicas de fisuras sobre materiales bien caracterizados, como pueden ser las instalaciones de generación nuclear. Para la mayoría de los análisis realizados en estructuras soldadas más comunes, el método es demasiado sofisticado.[8.28]

8.3.2.4 *Engineering treatment model* (ETM) [8.11]

Este método emplea un modelo mecánico simplificado de un cuerpo fisurado para deducir expresiones analíticas que sirven para estimar parámetros tales como **CTOD** (δ_5) o **J**.

El *engineering treatment model* asume que el cuerpo fisurado se deforma bajo condiciones en las que predomina el estado plano de tensiones. Se modela el comportamiento del material como

$$\frac{\sigma}{\sigma_y} = \left(\frac{\varepsilon}{\varepsilon_y}\right)^n \tag{8.20}$$

para $\sigma > \sigma_y$. Con $\sigma_y = \sigma_{0.2}$.

Para cargas **F** inferiores a la de deformación plástica, **F$_y$**, se emplean las soluciones de la mecánica de fractura lineal elástica con longitud efectiva de fisura a fin de tener en cuenta la plasticidad en la punta. Para cargas mayores a **F$_y$** el método permite que el comportamiento de la sección transversal como un todo esté dado por una función análoga a la ecuación (8.20)

$$\frac{F}{F_y} = \left(\frac{\delta_5}{\delta_y}\right)^n \tag{8.21}$$

o también

$$\delta_5 = \delta_y \left(\frac{F}{F_y}\right)^{1/n} \tag{8.22}$$

Este tipo de tratamiento es semejante a la solución de plasticidad generalizada empleada en la metodología de **EPRI**. Pero en el método **ETM** no es necesario determinar funciones como las **h$_1$** para distintas geometrías que requieren soluciones por elementos finitos.

El método **ETM,** aunque menos preciso que el **EPRI**, es más general y más simple de ser utilizado ya que permite determinar la *driving force* (**CTOD** o **J**) independientemente de la geometría de la pieza. La Figura 8.14 muestra un esquema de análisis por medio de **ETM**.

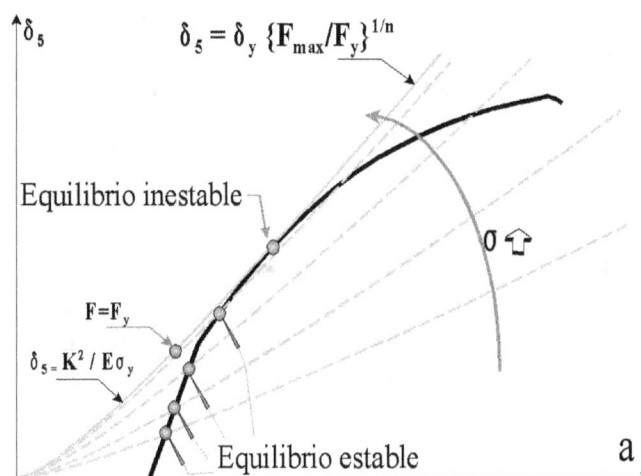

Figura 8.14. Método **ETM**.

REFERENCIAS

8.01   Milne I., Ainsworth R. A., Dowling A. R., Stewart A. T., "Asssessment of the Integrity of Structures Containing Defects". *R/H/R6-Revision 3. Job XE235*. Central Electricity General Board (1986).

8.02   Veritas Offshore Standards, *Recommended Practice D404 Structures/Steel Structures/Unstable Fracture*. DnVeritas (1987).

8.03   Pellini W. S., "Principles of Fracture Safe Design. Part. I". *Welding Research Supplement* **50**(3):91s-109s (1971).

8.04   ASTM E 208-84, "Standard Method for Conducting Drop-Weight Test to Determine Nil-Ductility Transition Temperature of Ferritic Steels". *ASTM Annual Book*, **0301:** 373-392 (1993).

8.05   Sciammarella C., *Introducción a la Mecánica de la Fractura*. Asoc. de Ingenieros Estructurales, Buenos Aires, pp 136-137 (1982).

8.06   *ASME Boiler and Pressure Vessel Code*. Sections XI & III.

8.07   BS 6235:1982, *Code of Practice for Fixed Offshore Structures*. The British Standard Institution (1982).

8.08   BS 4515:1984, *British Standard Specification for Process of Welding of Steel Pipelines on Land and Offshore*. BSI (1984).

8.09   API Standard 1104, *Standard for Welding Pipelines and Related Facilities*. Appendix A. American Petroleum Institute (1988).

8.10   Kumar V., German M. D., Shih F., "An Engineering Approach for Elastic-Plastic Fracture Analysis". *EPRI Topical Report NP-1913* for RP1237-1 (1981).

8.11   Schwalbe K.-H., Cornec A., "The Engineering Treatment Model (**ETM**) and its Practical Applications". *Fatigue & Fracture Engng Mat & Structures*, **14**:405-412 (1991).

8.12   Harrison J.D., *Developments in Pressure Vessels Technology- 1*. Ed by R. W. Nichols. Ch 1:1-6. Appld Science Publ. Ltd. London (1979).

8.13   Burdekin F. M., Dawes M. G., "Practical Use of Linear Elastic and Yielding Fracture Mechanics with Particular Reference to Pressure Vessels". *Proc. I. Mech. Engng. Conference*. London, pp28 (1971).

8.14   Dawes M.G., "Fracture Control in High Yield Strength Weldments". *Welding Journal (Welding Research Supplement)* **3**(9): 369s-379s (1974).

8.15   Harrison J. D., Dawes M. G., Archer G. L., Kamath M. S., "The COD Approach and its Application to Welded Structures". *ASTM STP 668*: 606-631 (1979).

8.16   BS PD 6493:1980, *Guidance on Some Methods for the Derivation of Acceptance Levels for Defects in Fusion Welded Joints*. BSI (1980).

8.17   CAN/CSA - Z184 - M86, *Gas Pipiline Systems*. Canadian Standard Association (1986).

8.18   Wes 2805-1980, *Method of Assessment for Defects in Fusion-Welded Joints with Respect to Brittle Fracture*. Japan Welding Engineering Society Standard (1980).

8.19   Milne I., "Failure Assessment". *Developments in Fracture Mechanics- 1*. Ed. C.G. Chell. Appld Science Publs., pp 276 (1979).

8.20   Dowling A. R., Townley C. H. A., "The effect of defects on Structural Failure: A Two-Criterion Approach". *Int. J. Pressure Vessel and Piping* 3:77-107 (1975).

8.21   Harrison R. P., Loosemore K., Milne I., Dowling A. R., *Assessment of The Integrity of Structures Containing Defects*. CEGB R6, Rev 2 (1980).

8.22   Willoughby A. A., "A Survey of Plastic Collapse Solutions used in Failure Assessment of Part-Wall Defects". *TWI Members Report 191* (1982).

8.23   Miller A. G., "Review of Limit Loads of Structures Containing Defects". *CEGB Report TPRD/B/0090/N82* (Rev. 1) (1982).

8.24   Willoughby A. A., Davey T. G., "Plastic Collapse at Part-Wall Flaws in Plates". *ASTM STP 1020*:390-409 (1989).

8.25   Garwood S. J., Willoughby A. A., Leggatt R. H., Jutla T., "Crack Tip Opening Displacement (**CTOD**) Methods for Fracture Mechanics Assessment: Proposals for Revisions to **PD 6493**". *ASFM 6*. Ispra, Italia (1987).

8.26   Kumar V., Wilkening W. W., Andrews W. R., German M. D., deLorenzi H. G., Mowbray D. F., "Estimation Technique for the Prediction of Elastic-Plastic Fracture of Structural Components of Nuclear Systems". *5th and 6th Semiannual Report to EPRI*, Contract No. RP 12371, General Electric Company (1982).

8.27   Kumar V., German M. D., Wilkening W. W., Andrews W. R., deLorenzi H. G., Mowbray D. F., "Advances in Elastic-Plastic Fracture Analysis". *Final Report EPRI NP 3007 Research Project RP 12371*, General Electric Company (1984).

8.28   Gordon J. R., "A Review of Fracture Assessment Procedures and their Applicability to Welded Structures". *3er Coloquio Latinoamericano de Desarrollos Tecnológicos en Análisis de Falla*. CNEA, Buenos Aires (1987).

8.29   Barreto Cruz J. R., Paez de Andrade A. H., "Uma Visão Geral das Principais Metodologias para Avaliação da Integridade de Estruturas Trincadas". *Proc. I Seminário de Mecânica da Fratura*, Ouro Preto, Brasil: 55-72 (1995).

Capítulo 9

Crecimiento de fisuras por *creep*

9.1 INTRODUCCIÓN

Tradicionalmente la elección de materiales para servicio a alta temperatura se ha realizado fundamentalmente sobre la base de resistencia al *creep*. Esto significa que puede ser tolerada una cantidad limitada de deformación, siempre que esté dentro de la ductilidad del material a la temperatura de trabajo y que sea aceptable por las condiciones de operación. En algunas aplicaciones (turbinas de vapor, sistemas de generación de energía) este criterio ha sido cuestionado fundamentalmente por dos factores. El primero es la presencia de transitorios térmicos que introducen la posibilidad de fatiga juntamente con el desarrollo del proceso de *creep*. El segundo factor es la presencia de defectos, principalmente en estructuras de cierta complejidad. Ambos factores involucran el posible crecimiento de fisuras bajo acción de tensiones (estáticas o cíclicas) a temperaturas elevadas. Ello ha llevado en años recientes a la realización de un considerable esfuerzo para estudiar el comportamiento de grietas relacionadas con procesos de *creep*, como parte de la llamada mecánica de fractura dependiente del tiempo (*time dependent fracture mechanics*).

La Figura 9.1 muestra el comportamiento bajo condiciones de *creep* de una probeta no fisurada sometida a tensiones uniaxiales de tracción. La velocidad de deformación se incrementa al crecer la tensión aplicada. El comportamiento de *creep* puede ser dividido en tres regiones: la primera suele denominarse región primaria o transitoria y en ella la velocidad de deformación disminuye continuamente hasta que alcanza un valor mínimo que se mantiene y que corresponde a la región de *creep* secundario o región de estado estacionario. En la región de *creep* terciario la velocidad de deformación vuelve a crecer como consecuencia de la ocurrencia de estricción y se prolonga hasta que acontece la rotura.

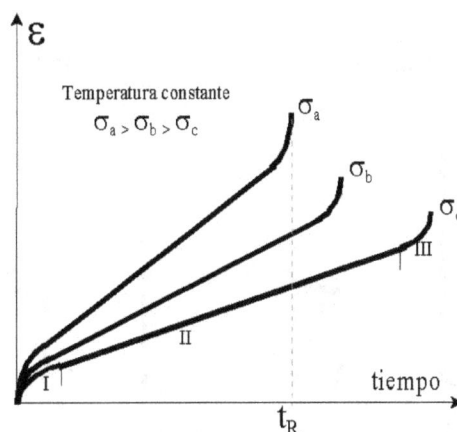

Figure 9.1. Respuesta al *creep* ante tracción uniaxial.

Un aspecto importante a conocer es si los defectos contenidos en componentes o estructuras crecerán en servicio, por lo que se ha analizado el crecimiento lento de fisuras bajo carga estacionaria (crecimiento de fisuras por *creep*), así como bajo cargas cíclicas (fatiga) y bajo combinaciones de cargas cíclicas y estacionarias (*creep*-fatiga). Actualmente está claro que para el crecimiento de fisuras por *creep*, la extensión involucra el desarrollo de falla en el material delante de la punta de la grieta, con la subsecuente rotura de los ligamentos remanentes.[9.01]

9.2 CAMPOS DE TENSIONES BAJO *CREEP* SECUNDARIO

En la Figura 9.2 se describen esquemáticamente las zonas de deformación delante de la punta de una fisura, mientras que en la fig 9.3 se muestran las condiciones de deformación por *creep* por las que puede producirse el crecimiento de fisuras. Bajo *creep* en pequeña escala (SSC), la zona de *creep* es pequeña comparada con la longitud de fisura y demás dimensiones características del cuerpo. Por otro lado, bajo condiciones de *creep* extensivo (EC), la zona de

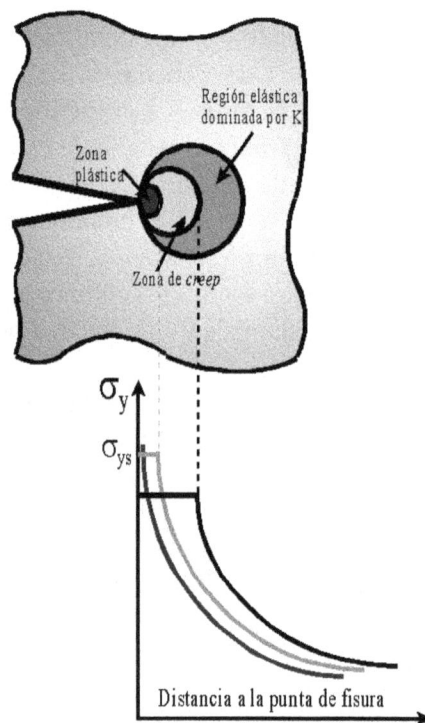

Figure 9.2. Campos de tensiones delante de la fisura.

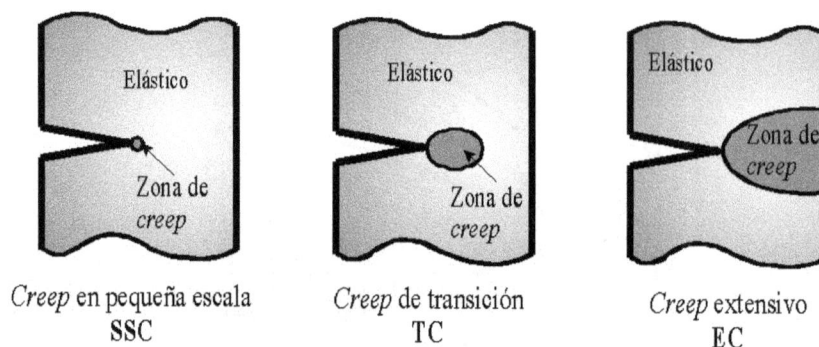

Figura 9.3. Niveles de *creep*.

creep ocupa todo el ligamento remanente. El *creep* de transición (TC) corresponde a una situación intermedia entre los dos anteriores. SSC y TC corresponden a *creep* transitorio por cuanto las tensiones en la punta de la fisura varían con el tiempo a medida que las tensiones se redistribuyen en el ligamento remanente. Por otro lado, el *creep* extensivo (EC) corresponde a una condición de estado estacionario debido a que las tensiones en la punta de la fisura permanecen constantes con el tiempo. Esta última es la más simple de analizar y fue, de hecho, la primera que se estudió.[9.02]

En mecánica de fractura es esencial poder describir los campos de tensiones en la vecindad de fisuras en términos que permitan comparar diferentes geometrías, incluidas probetas. Equivalencia en campos de tensiones y deformaciones puede significar equivalencia en comportamiento de la fisura. Para condiciones predominantemente lineales elásticas, el factor de intensidad de tensiones es el parámetro adecuado. Para materiales no lineales con comportamiento del tipo Ramberg Oswood

$$\frac{\varepsilon}{\varepsilon_0} = \alpha \left(\frac{\sigma}{\sigma_0} \right)^n \tag{9.1}$$

la integral **J** describe los campos de tensiones y deformaciones.

De una manera análoga a la integral **J**, Landes y Begley definieron el parámetro **C***[9.03] que puede ser aplicado a materiales fisurados bajo *creep* secundario del tipo correspondiente a un material viscoso no lineal

$$\frac{\dot{\varepsilon}}{\varepsilon_0} = \alpha \left(\frac{\sigma}{\sigma_0} \right)^n$$
$$\dot{\varepsilon} = \frac{d\varepsilon}{dt} \tag{9.2}$$

El parámetro **C*** está definido para el caso bidimensional como

$$C^* = \int_\Gamma W^* - T_i \left(\frac{\partial \dot{u}_j}{\partial x} \right) ds \tag{9.3}$$

donde

$$W^* = \int_0^{\dot{\varepsilon}_{n,m}} \sigma_{ij} \, d\dot{\varepsilon}_{ij} \tag{9.4}$$

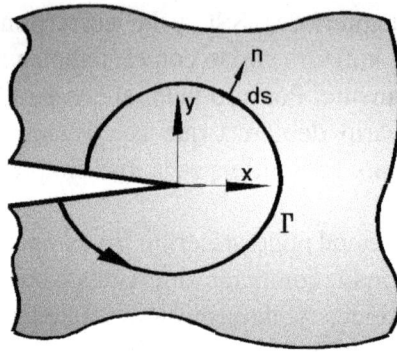

Figura 9.4. Sistema de coordenadas para **C***.

Como ilustra la Figura 9.4, Γ es la línea de contorno que va en sentido contrario a las agujas del reloj desde la cara inferior de la fisura a la superior. **W*** es la derivada temporal de la densidad de energía de deformación. **T** es el vector de tracción definido por la normal hacia afuera, $\mathbf{n_j}$, a la largo de Γ. **C*** es simplemente una modificación de la integral **J**, donde las deformaciones y los desplazamientos son reemplazados por sus derivadas.

Para un comportamiento de *creep* generalizado y de estado estacionario, **C*** es un parámetro que caracteriza los campos de tensiones y la velocidad de deformación cercanos a la punta de la fisura:

$$\sigma_{ij} = \sigma_0 \left(\frac{C^*}{\alpha \, \sigma_0 \varepsilon_0 I_n} \right)^{\left(\frac{1}{n+1}\right)} r^{\left(\frac{1}{n+1}\right)} \overline{\sigma}_{ij}(\theta) \tag{9.5}$$

$$\varepsilon_{ij} = \alpha \varepsilon_0 \left(\frac{C^*}{\alpha \, \sigma_0 \varepsilon_0 I_n} \right)^{\left(\frac{n}{n+1}\right)} r^{\left(\frac{n}{n+1}\right)} \overline{\varepsilon}_{ij}(\theta) \tag{9.6}$$

con

$\mathbf{I_n}$: constante numérica,

$\overline{\sigma}_{ij}(\theta)$; $\overline{\varepsilon}_{ij}(\theta)$: funciones adimensionales.

Landes y Begley también hicieron una interpretación del parámetro **C*** en términos energéticos. Considerando dos cuerpos iguales salvo en las longitudes de fisura que eran **a** y **a+da**, igualmente cargados, $\mathbf{P_i}$; y registrando sus velocidades de deformación, $\overset{\bullet}{\mathbf{V}}\mathbf{c}$, luego de haber pasado suficiente tiempo como para que se hayan desarrollado condiciones de estado estacionario. Repitiendo el procedimiento con pares de probetas, pero a diferentes niveles de carga, $\mathbf{P_2}$, $\mathbf{P_3}$, $\mathbf{P_4}$, etc., se puede representar la carga en función de la velocidad de desplazamiento separadamente para las probetas de longitud **a** y las de longitud **a+da**. El área bajo los diagramas carga-velocidad de desplazamiento serán **U*(a)** y **U*(a+da)** para una dada velocidad de desplazamiento como se muestra en la Figura 9.5. La diferencia entre áreas Δ**U*** es la diferencia de derivadas de energía entre ambos cuerpos. Puede demostrarse que la integral **C*** es igual a

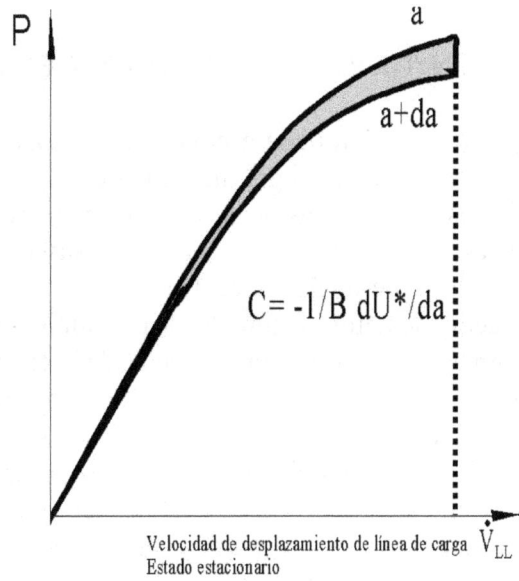

Figura 9.5. Determinación de **C***.

$$C^* = -\frac{1}{B}\frac{dU^*}{da} \tag{9.7}$$

donde

B: espesor de las probetas.

Esta ecuación provee la base para una medición experimental del parámetro **C***.

9.2.1 Correlación de C* con el crecimiento de fisura

Los resultados experimentales sobre una superaleación Discaloy (FeNiCr) con probetas compactas y de tracción fisuradas en el centro mostraron una buena correlación entre **C*** y la velocidad de crecimiento de la fisura (Figura 9.6).[9.03]

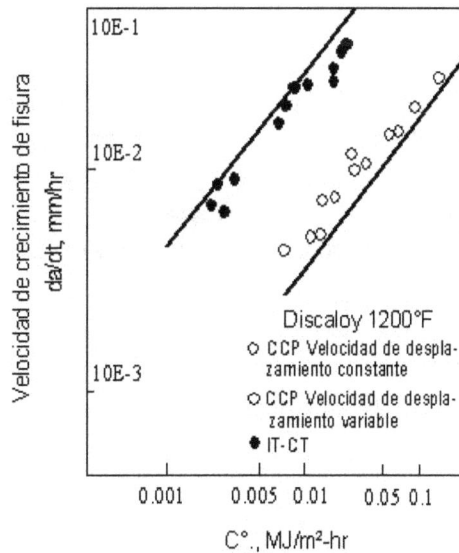

Figura 9.6. Correlación de **C*** con **da/dt**.

9.3 COMPORTAMIENTO EN TIEMPOS CORTOS Y TIEMPOS LARGOS

La validez de la integral **C*** está limitada a condiciones globales de *creep* de estado estacionario. Esta condición no puede ser siempre alcanzada en la práctica debido a que los componentes contienen gradientes tanto de tensiones como de temperatura.[9.04]

Consideremos una fisura estacionaria en un material que es susceptible a deformación por *creep*. Si se aplica una carga remota al cuerpo fisurado, el material responde casi inmediatamente con la correspondiente distribución de deformación elástica. Asumiendo una carga puramente en Modo I, las tensiones y deformaciones exhiben una singularidad del tipo $r^{-1/2}$ cerca de la punta y está unívocamente descripta por K_I. En cambio, la deformación por *creep* en gran escala no ocurre inmediatamente. Una vez que la carga es aplicada, en seguida se forma una pequeña zona de *creep*, análoga a la zona plástica. Las condiciones cercanas a la punta de la fisura pueden ser caracterizadas por K_I en tanto y en cuanto la zona de *creep* quede embebida dentro de la zona dominada por la singularidad. La zona de *creep* irá creciendo con el tiempo, invalidando eventualmente a K_I como un parámetro característico. Para tiempos muy largos, la zona de *creep* se extenderá a toda la estructura.

Cuando la fisura crece con el tiempo, el comportamiento de la estructura depende de la velocidad relativa de crecimiento de fisura respecto de la velocidad de *creep*. En materiales "frágiles", la velocidad de crecimiento de fisura es tan alta que sobrepasa la de desarrollo de la zona de *creep*; entonces el crecimiento de fisura puede ser caracterizado por K_I debido a que la zona de *creep* permanece pequeña. En el otro extremo, si el crecimiento de fisura es suficientemente lento como para que la zona de *creep* se extienda a toda la estructura, **C*** es el parámetro apropiado.

Riedel y Rice [9.05] analizaron la transición desde comportamientos elásticos de tiempos cortos hasta comportamientos viscosos de largo tiempo. Asumieron una ley tensión-deformación que desprecia *creep* primario para tracción uniaxial. Si la carga es súbitamente aplicada y entonces mantenida constante, una zona de *creep* se desarrolla gradualmente en una región con singularidad elástica, como ya se discutió. Riedel y Rice establecieron que las tensiones dentro de la zona de *creep* pueden ser descriptas por

$$\sigma = \left(\frac{C(t)}{A/nr} \right)^{1/n+1} \tilde{\sigma}_{ij}(n,\theta) \qquad (9.8)$$

donde **C(t)** es un parámetro que caracteriza la amplitud de la singularidad local de tensiones en la zona de *creep*; **C(t)** varía con el tiempo y es igual a **C*** en el límite de comportamiento de largo tiempo. Si la carga remota queda fija, las tensiones en la zona de *creep* se relajan con el tiempo, en la medida que las deformaciones de *creep* se acumulan en la región de la punta de la fisura. Para condiciones de *creep* en pequeña escala, **C(t)** decae con **1/t** de acuerdo con la siguiente relación

$$C(t) = \frac{K_I^2(1-\nu^2)}{(n+1)Et} \qquad (9.9)$$

y el tamaño aproximado de la zona de *creep* está dada por

$$r_c(\theta,t) = \frac{1}{2\pi} \left(\frac{K_I}{E} \right)^2 \left[\frac{(n+1)AI_nE^nt}{2\pi(1+v^2)} \right]^{\frac{2}{n+1}} \tilde{r}_c(\theta,n) \tag{9.10}$$

para $\theta=90°$, $\mathbf{r_C}$ es un máximo.

A medida que $\mathbf{r_C}$ incrementa en tamaño, $\mathbf{C(t)}$ se va aproximando al valor de estado estacionario $\mathbf{C^*}$. Riedel y Rice definieron un tiempo característico para la transición de comportamiento de tiempos cortos a tiempos largos.

$$t_1 = \frac{K_I^2(1-v^2)}{(n+1)EC^*} \tag{9.11}$$

o

$$t_1 = \frac{J}{(n+1)C^*} \tag{9.12}$$

Cuando ocurre un importante crecimiento de fisura sobre escalas de tiempo mucho menores que $\mathbf{t_1}$, el comportamiento puede ser caracterizado por $\mathbf{K_I}$, mientras que $\mathbf{C^*}$ es el parámetro apropiado cuando, para tener considerable crecimiento de fisura, se requieren tiempos muy superiores a $\mathbf{t_1}$. Basado en análisis de elementos finitos, Riedel [9.06] sugirió la siguiente fórmula para interpolar entre *creep* de pequeña escala y *creep* extensivo:

$$C(t) = C^* \left(\frac{t_1}{t} + 1 \right) \tag{9.13}$$

9.4 EL PARÁMETRO C$_t$

A diferencia de $\mathbf{K_I}$ y $\mathbf{C^*}$, la medición directa de $\mathbf{C(t)}$ bajo condiciones transitorias no es normalmente posible. Entonces Saxena [9.07] definió un parámetro alternativo, $\mathbf{C_t}$, que fue considerado en primera instancia como una aproximación a $\mathbf{C(t)}$. La ventaja principal de $\mathbf{C_t}$ es que puede ser medido en forma relativamente fácil.

Saxena comenzó separando el desplazamiento global en componentes elástica instantánea y dependiente del tiempo por *creep*.

$$\Delta = \Delta_e + \Delta_t \tag{9.14}$$

El desplazamiento por *creep*, Δ_t, se incrementa con el tiempo a medida que la zona de *creep* crece. El parámetro $\mathbf{C_t}$ está definido como

$$C_t = -\frac{1}{B}\left(\frac{\partial}{\partial a}\int_0^{\dot{\Delta}t}Pd\dot{\Delta}t\right)_{\dot{\Delta}t} \tag{9.15}$$

Para *creep* en pequeña escala, **ssc**, Saxena definió una longitud efectiva de fisura, análoga a la corrección por zona plástica propuesta por Irwin y descripta en el capítulo 1:

$$a_{eff} = a + \beta r_c \tag{9.16}$$

donde $\beta = 1/3$ y r_c es el valor correspondiente a $\theta = 90°$. El desplazamiento debido a la zona de *creep* está dado por

$$\Delta_t = \Delta - \Delta_e = P\frac{dC}{da}\beta r_c \tag{9.17}$$

donde **C** es la *compliance* elástica. Saxena mostró que el límite de **ssc** para C_t puede ser expresado como

$$(C_t)_{ssc} = \left(\frac{f'(a/W)}{f(a/W)}\right)\frac{\Gamma\dot{\Delta}}{BW} \tag{9.18}$$

donde **f(a/W)** es el factor de corrección geométrico para Modo I y **f'(a/W)** su primera derivada.

La ecuación anterior predice que $(C_t)_{ssc}$ es proporcional a K_I^4, entonces C_t no coincide con **C(t)** en el límite de *creep* en pequeña escala, ec. (9.9).

Saxena propuso la siguiente interpolación entre *creep* de pequeña escala y *creep* extendido

$$C_t = (C_t)_{ssc}\left(1 - \frac{\dot{\Delta}}{\dot{\Delta}_t}\right) + C^* \tag{9.19}$$

Bassani *et al.* [9.08] aplicaron el parámetro C_t a datos experimentales con varias relaciones C^*/C_t y encontraron que C_t caracteriza la velocidad de crecimiento de fisuras mucho mejor que C^*, K_I o C(t).

Aunque C_t fue originariamente propuesto como una aproximación de C(t), se ha tornado claro que ambos parámetros son diferentes. El parámetro C(t) caracteriza las tensiones delante de una fisura estacionaria, mientras que C_t está relacionado con la velocidad de expansión de la zona de *creep*. Este último parámetro parece ser mejor para fisuras que experimentan velocidades de crecimiento por *creep* relativamente rápidas. Ambos parámetros se asemejan a C^* en el límite de *creep* en estado estacionario.

9.5 *CREEP* PRIMARIO

Los análisis anteriores no consideran *creep* primario: el *creep* primario puede tener una importancia apreciable en el comportamiento de crecimiento de fisura si el tamaño de la zona de *creep* primario es importante (Figura 9.7).

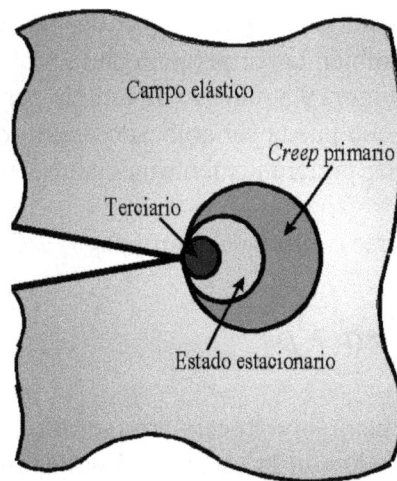

Figura 9.7. Regiones de *creep*.

Recientemente se han comenzado a desarrollar análisis que incluyen el efecto de *creep* primario. Riedel [9.09] introdujo un nuevo parámetro, C_h^*, que es el análogo a C^* para *creep* primario. El tiempo característico que define la transición de *creep* primario a secundario está definido como

$$t_2 = \left(\frac{C_h^{'}}{(1+p)C^*} \right)^{\frac{p+1}{p}}$$

(9.20)

$C(t)$ es modificado para *creep* primario de la siguiente manera

$$C(t) \approx \left[\frac{t_1}{t} + \left(\frac{t_2}{t} \right)^{\frac{p+1}{p}} + 1 \right] C^*$$

(9.21)

Esta ecuación ha sido aplicada a datos experimentales en un número limitado de casos, aunque parece aproximar mejor los datos experimentales que cuando no se toma en cuenta la contribución del *creep* primario.

9.6 MÉTODO EXPERIMENTAL PARA MEDICIÓN DE VELOCIDADES DE CRECIMIENTO DE FISURAS POR *CREEP* EN METALES. NORMA ASTM E 1457

En 1992 ASTM normalizó el procedimiento para obtener velocidades de crecimiento de fisuras por *creep*, método que fue levemente modificado en 1998 [9.10]. El objetivo del ensayo es la determinación de la relación entre la velocidad de crecimiento de fisura por *creep*, **da/dt**, y el valor aplicado del parámetro **C*(t)**, lo que acota las mediciones a situaciones correspondientes a *creep* extensivo de estado estacionario. Los ensayos se realizan a carga constante, mediante una máquina de ensayo de peso muerto o una servohidráulica, sobre probetas **C(T)** prefisuradas por fatiga y con entallas laterales (*side grooving*), calentadas a la temperatura de ensayo mediante un horno adecuado.

Se registran continuamente la longitud de fisura y el desplazamiento de la línea de carga en función del tiempo, así como también la temperatura en la probeta y la carga cuando no se usan máquinas de peso muerto. La Figura 9.8 muestra un arreglo para cuando no está disponible un transductor de desplazamiento que pueda ser colocado dentro del horno. La medición del crecimiento estable de fisura se realiza preferentemente mediante el método de caída de potencial eléctrico.

La temperatura debe mantenerse controlada dentro de +/- 2ºC para temperaturas menores

$$a_{eff} = a + \beta r_c \tag{9.22}$$

a los 1000ºC, y +/- 3ºC para temperaturas superiores. Como son ensayos que pueden durar mucho tiempo, debe tenerse especial cuidado con la estabilidad de las mediciones. También deben limitarse los sobrevalores de temperatura durante el transitorio de calentamiento, y los tiempos de permanencia antes de las mediciones deben ser los suficientes como para asegurar que se han superado las condiciones de *creep* primario y que se está en situación de estado estacionario.

Con los valores medidos se calculan la componente de *creep* de la velocidad de desplazamiento de la línea de carga

$$\dot{V}_C = \dot{V} - \dot{a}\frac{B_N}{P}\left[\frac{2K^2}{E} + (m+1)J_p\right] \tag{9.23}$$

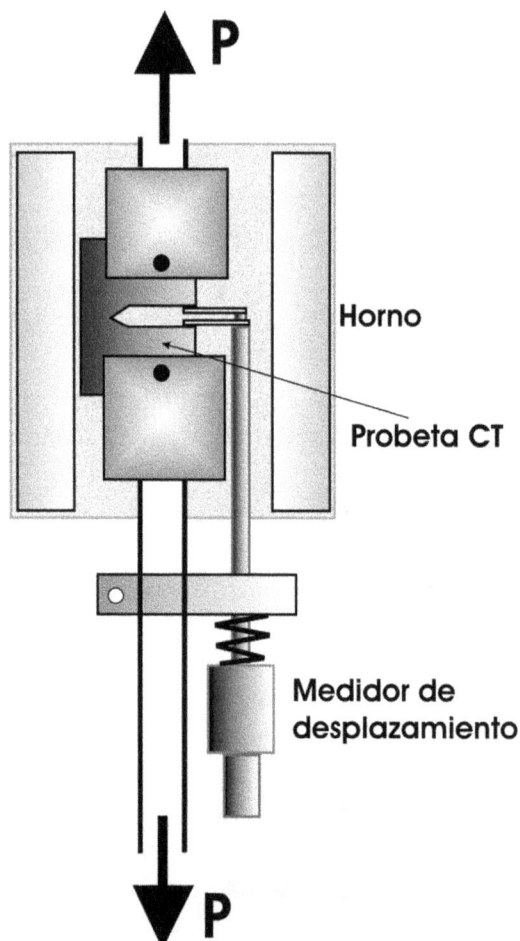

Figura 9.8. Esquema de ensayo de crecimiento de fisuras por *creep*.

el parámetro **C*(t)** se calcula

$$C^*(t) = \frac{P\dot{V}_C}{B_N(W-a)} \frac{n}{n+1} \left(2+0.522\frac{W-a}{W}\right)$$

(9.24)

Verificaciones:

Pueden ser tomados como válidos sólo aquellos datos obtenidos para tiempos mayores que el tiempo de transición t_T.

Para asegurarse de que se ha superado el *creep* primario, sólo se consideran valores posteriores a un crecimiento de fisura $\Delta a > 0.5$mm, y relaciones $\dot{V}_C/\dot{V} > 0.5$.

Entonces puede ser obtenida una relación como la de la Figura 9.6.

9.7 MECANISMOS DE CRECIMIENTO DE FISURAS POR *CREEP*

En la mayoría de las aleaciones usuales la extensión de la fisura involucra falla del material delante de la misma. A temperaturas más elevadas hay cavitación en los bordes de grano, en cambio a temperaturas más bajas la fractura es transgranular asociada con cavitación en partículas de segunda fase (Figura 9.9). [9.11]

9.8 CRECIMIENTO DE FISURAS POR *CREEP*- FATIGA

La inclusión de una componente cíclica en la historia de carga o deformación de una fisura a temperatura elevada aumenta la probabilidad de un crecimiento de fisura por fatiga. Esto no involucra un proceso de fractura por clivaje, sino que es fundamentalmente la creación de nuevas

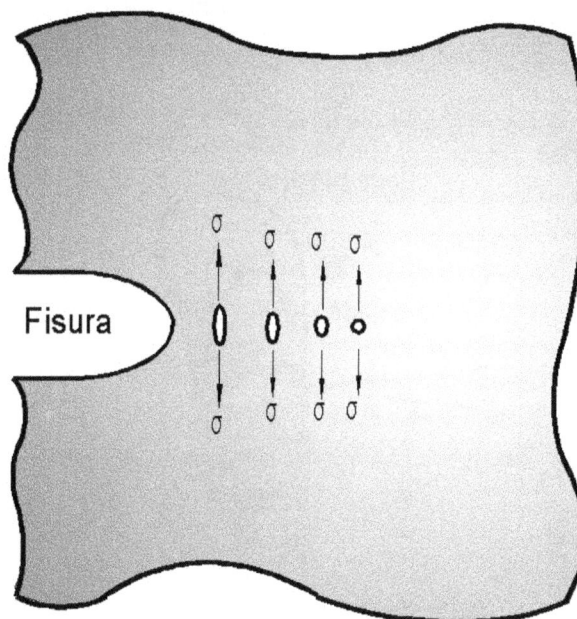

Figura 9.9. Mecanismo transgranular.

superficies en la punta de la fisura por descohesión por corte. Como este fenómeno está controlado por la plasticidad en la punta, su magnitud será influenciada por la deformación dependiente del tiempo. La presencia de una componente estática además de la cíclica, o de un ciclado suficientemente lento, puede inducir fractura por *creep* así como efectos de deformación tanto en la zona plástica como en el ligamento remanente, llevando a un mecanismo cooperativo de *creep* y fatiga.[9.01] La Figura 9.10 muestra el efecto de la temperatura, y por lo tanto del *creep*, sobre la velocidad de crecimiento de fisura por fatiga en una aleación Inconel X- 750. La Figura 9.11 muestra, para una misma temperatura, el efecto de la forma de onda.[9.12]

      Otro factor que influencia fuertemente la velocidad de crecimiento de fisuras por fatiga es el medio ambiente. La Figura 9.12 es una interpretación dada por Saxena y Bassani[9.12] sobre las diferentes zonas en la vecindad de una fisura cuando actúan en forma conjunta los tres fenómenos mencionados de fatiga, *creep* y el coeficiente de difusión **D**, respectivamente.

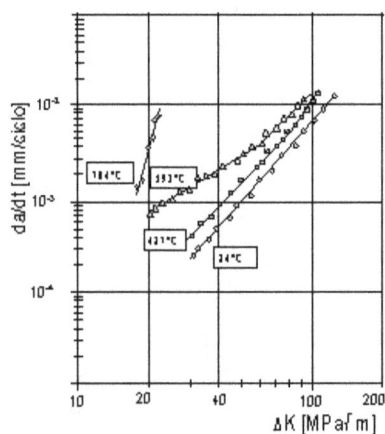

Figura 9.10. Efecto de la temperatura en *creep*-fatiga.

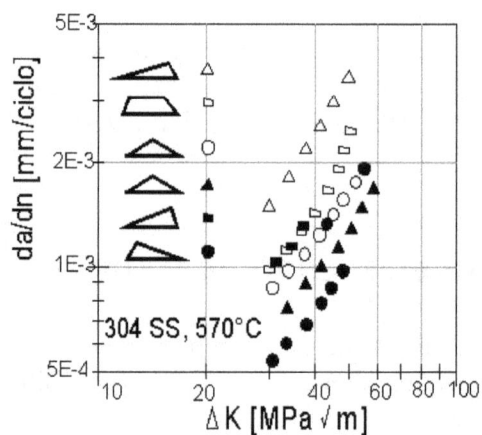

Figura 9.11. Efecto de la forma de onda en *creep*-fatiga.

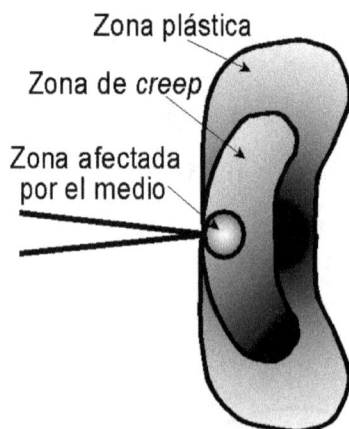

Figura 9.12. Zonas de *creep*-fatiga.

REFERENCIAS

9 .01   Tomkins B., "Elevated Temperature Fracture Mechanics". *Fracture Mechanics, Current Status, Future Prospects*. Ed. by R.A. Smith. Cambridge University, pp 179-207 (1979).

9 .02   Saxena A., *Nonlinear Fracture Mechanics for Engineers*, cap 10. CRC ed. (1997).

9 .03   Landes J.D. and Begley J.A., "Fracture Mechanics Approach to Creep Crack Growth". *5ASTM STP 590*: 128-148 (1976).

9 .04   Anderson T., *Fracture Mechanics. Fundamentals and Applications. 2nd Ed.* CRC Press, Boca Raton, Fl. (1994).

9 .05   Riedel H., Rice J. R., "Tensile Cracks in Creeping Solids". *ASTM STP 700*: 112-130 (1980).

9 .06   Ehlers R., Riedel H., "A Finite Element Analysis of Creep Deformation in a Specimen Containing a Macroscopic Crack". *Proc. 5th conference on Fracture*. Pergamon Press, Oxford, pp 691-698 (1981).

9 .07   Saxena A., "Creep Crack Growth under Non-Steady-State Conditions". *ASTM STP 905*, ASTM, Philadelphia, pp185-201 (1986).

9 .08   Bassani J. L., Hawk D. E., Saxena A., "Evaluation of The C_t Parameter for Characterizing Creep Crack Growth Rate in The Transition Regime". *ASTM STP 995*, Vol I, ASTM, Philadelphia, pp 112-130 (1990).

9 .09   Riedel H., "Creep Deformation at Crack Tips in Elastic-Viscoplastic Solids". *Jounal of the Mechanics and Physics of Solids*, **29**: 35-49 (1981).

9 .10   ASTM 1457:98, "Standard Tst Method for Measurement of Creep Crack Growth Rates in Metals", *Annual Book of ASTM Standards*, ASTM, (1998).

9 .11   Bassani J.L., "Micro and Macromechanics of High Temperature Fracture". *Fracture: Interactions of Microstructure, Mechanisms, Mechanics*. J.M. Wells and J.D. Landes Ed. The Metallurgical Society of AIME. pp 385-401 (1984).

9 .12   Saxena A. and Bassani J.L., "Time-Dependent Fatigue Crack Growth Behavior at Elevated Temperature". *Ibid,* pp 357-383.

www.ingramcontent.com/pod-product-compliance
Lightning Source LLC
Chambersburg PA
CBHW080553220326
41599CB00032B/6460